信息技术科普丛书

人工智能70年

从达特茅斯会议到大模型时代

陈宗周 著

机械工业出版社
CHINA MACHINE PRESS

图书在版编目（CIP）数据

人工智能70年：从达特茅斯会议到大模型时代 / 陈宗周著. -- 北京：机械工业出版社，2025. 8. --（信息技术科普丛书）. -- ISBN 978-7-111-78477-7

Ⅰ. TP18-09

中国国家版本馆 CIP 数据核字第 2025QG8189 号

机械工业出版社（北京市百万庄大街 22 号　邮政编码 100037）

策划编辑：孙海亮　　责任编辑：孙海亮

责任校对：孙明慧　赵　童　景　飞　　责任印制：刘　媛

三河市宏达印刷有限公司印刷

2025 年 8 月第 1 版第 1 次印刷

147mm × 210mm · 9 印张 · 3 插页 · 198 千字

标准书号：ISBN 978-7-111-78477-7

定价：89.00 元

电话服务

客服电话：010-88361066

010-88379833

010-68326294

网络服务

机　工　官　网：www.cmpbook.com

机　工　官　博：weibo.com/cmp1952

金　　书　　网：www.golden-book.com

机工教育服务网：www.cmpedu.com

序

AI 大潮之上

很怀念武汉大学校园，我创业的梦想种子就是在这里埋下的。

1987 年的一天，我在大学图书馆第一次读到《硅谷之火》，这是讲述个人计算机发展历史的一本书，乔布斯、比尔·盖茨等年轻创业者的故事深深吸引了我。这本书给人这样的启迪：当一场技术革命来临时，有梦想可以去试一试，也许真能办成一家世界级的公司。

当时，个人计算机在美国已经广泛应用，创业浪潮风起云涌，但在中国，这些新事物离我们还有距离。

中国的时代很快来临，个人计算机不久之后开始在神州大地迅速普及。在这样的潮流中，1989 年我们开发出很受欢迎的加密软件“黄玫瑰”，创办了三色软件公司，那时我还是在校大学生，从此走上曲折艰难、坎坷不平的创业之路。我的创业生涯，起步于个人计算机浪潮。

在个人计算机和互联网两次重要的革命浪潮中，中国的创业者大都是一步步追赶，一点一滴地积累经验，不断增强自己的实力。

进入移动互联网时代，巨变发生了，中国经济和科技发展突飞猛进，通信基础设施日新月异。在这样的基础上，我们的创新不断涌现，有世界竞争力的中国公司快速成长，小米就是其中之一。

每一轮新技术革命，都可以看成具有强大力量的风口，影响全人类，给创业者带来挑战与机遇。现在，人工智能（AI）时代开启了，这是前所未有的巨大风口。

迎接技术革命浪潮、站上风口，不但需要有对新技术、新时代的高度敏感性，而且需要有迎接挑战的决心和快速行动的执行力。小米公司很早就给予深度学习高度重视，9 年前，当 AlphaGo 冲击波到来时，小米决策层曾经讨论了整整 1 周，决定把 AI 作为小米最重要的战略之一，即 All in AI。这样的战略决策，带来了小米今天的发展。

正是经历了个人计算机、互联网、移动互联网三次浪潮中的创业，我对当下风口中的中国 AI 有了比别人更深切的感受。我认为，中国发展 AI，在创新精神、应用场景、开放环境、产业环境 4 个方面都有自己独特的长处与优势，因此，我有四重信心。

中国科技工作者和科技创业者的创新精神和创新能力如何？中国科技企业的竞争力如何？DeepSeek 的横空出世和世界性影响，已经给出了有力的回答。DeepSeek 团队的创新精神令人敬佩。在 AI 时代，DeepSeek 这样的公司在中国不断出现，令人鼓舞。

AI在中国有最丰富的应用场景。中国经济和科技的发展，已经为各行各业构建了完整的产业链、供应链，这为AI的发展提供了坚实的基础和丰富的应用场景。我们强大的智能终端制造能力，是发展AI的巨大优势。以小米为例，我们拥有巨大的用户群，拥有海量的智能终端设备（现在已有8.6亿台，成为全球最大的消费类智能物联网设备平台，而进入物联网时代，智能设备的数量将比移动互联网时代大一个数量级），拥有海量的数据。这些，让我们有信心在AI时代用自己的优势迎接潮流，站上风口，为世界AI的发展作出贡献。为了进一步加强中国的这个优势，我在今年（2025年）的两会上建议，健全AI终端标准体系，强化国际国内标准有效衔接，力争到2030年率先形成全球领先的AI终端标准体系。这将极大地提升中国在AI方面的竞争力。

中国发展AI有很好的开放环境。自改革开放以来，中国对外全面开放，技术和人才与全世界双向交流，这样的环境促进了中国与世界AI的发展，让开放发展的思维深深扎根于一代代创业者的头脑中。中国的AI界把自己优秀的模型和技术细节果断开源，这让全世界受益和赞叹，是体现开放发展的很好案例。小米也一直坚持同样的发展理念，2018年我们就把手机上的AI计算引擎MACE完全开源，把智能物联网设备连接协议全部公开，把智能问答系统全部开源。我们的开源工作会一直坚持下去，我相信，只有开源合作的态度，才能共赢，才能推动AI新时代的发展。

目前，小米正在AI领域持续投入。今年是小米创业的第15年，小米的目标是“成为新一代全球硬核科技引领者”，AI将是小米“人车家全生态”战略最关键的底层支撑能力之一。

此外，中国整体的科技创新产业环境也越来越好。在这样的浪潮之上，到2030年，中国AI的理论、技术与应用总体将达到世界领先水平，成为世界主要AI创新中心。这样的目标让人鼓舞，也让人充满信心。

发展AI，要坚持"智能向实、智能向善"，这是科技造福人类社会的核心要义。智能向实，是让AI进入一切应用场景，给我们的生活和工作带来翻天覆地的变化，创造无数我们梦想过甚至未曾梦想过的奇迹。智能向善，是因为新技术会带来新机遇，也会带来新的风险和挑战。站在风口之上的人类，要迎接挑战，化解AI带来的冲击与风险，让AI永远有益于人类，永远向善。

面向未来，我是乐观主义者。我们正跨过一道门槛，有无限想象空间的伟大新时代才刚刚开始。当前，有接近人类思维能力、有强大推理和认知能力的AI来到我们身边，这是对人类智力与创造能力的解放与增强，我们应该热烈拥抱这位新助手，与AI亲密且友好地相处，而不应该害怕与恐惧它。

坚韧与勇气一直是人类最优秀的品质。有这样独特的品质，我们完全有理由对人类的未来充满信心。

雷军　小米集团创始人、董事长兼CEO

前言

2022 年 10 月，我受邀参加阿里达摩院的世界科技发展趋势研究。那些年，阿里达摩院每年都会邀请全球专家研究科技发展趋势，并在年底发布全球科技趋势研究报告，预测下一年十大科技发展趋势。这是阿里达摩院坚持多年的重要研究项目，有很深远的影响。

经过一段时间的研究，阿里达摩院于 2022 年 11 月 26 日举办专家研讨会，研讨并确定十大科技发展趋势。由于当时还在疫情中，研讨会在线上举行，专家们通过网络交流，讨论全球科技发展动态。会议结束后，大家并不是对每一个被提出的科技发展趋势都达成了共识，但预训练大模型和生成式 AI（人工智能）立刻被确定为 2023 年全球科技十大趋势之二，预训练大模型还被排在趋势榜之首。几天以后的 11 月 30 日，ChatGPT 发布，生成式 AI 浪潮由此掀起。

预测未来是很冒险的事情，哪怕要对第二年的科技发展趋势进行准确判断，也并不容易，这方面的失败教训太多。但当时大家都确信，生成式 AI 的时代之风已经刮起，将席卷全球。

大模型预示着深度学习进入了新的发展阶段，所以容易捕捉到它的发展趋势与影响。深度学习这项具有突破性的技术虽然具有如此重要的意义，但在它的发展初期，并没有引起太大的波澜。后来反思，我作为对信息技术和人工智能的长期观察者，为什么当年对风起于青萍之末的深度学习并不敏感？辛顿所在的多伦多大学、哈萨比斯创业的伦敦大学学院和附近街区、辛顿及哈萨比斯的初创公司与谷歌“相亲联姻”的太浩湖等，这些深度学习精彩历史故事发生地那些年我都去过，但当时就是不知道深度学习这场伟大革命已在这些地方悄然开始。

由于有这种遗憾，2017 年我写了《AI 传奇》一书，通过这本书我想告诉读者，AI 新技术革命已经来临。

8 年过去了，这场革命越来越深入，尤其是 2022 年 11 月份 ChatGPT 面世以来，深度学习进入新的发展阶段，生成式 AI 新浪潮风起云涌。AI 正在改变人类社会的每一个领域，每一个人都在受影响。这里借用一句流行语——以前做过的工作，都值得用生成式 AI 再做一遍。这种带来翻天覆地巨变的技术革命，在半个世纪中，只有个人计算机、互联网、移动互联网可以相比，而生成式 AI 的影响，必将比前三者更为深远。

为了及时向读者传递与这场新巨变相关的重要信息，与大家一起回顾人工智能发展史，了解涉及的技术与知识，展望未来发展，我决定重写《AI 传奇》。出版社建议用新书名“人工智能 70 年——从达特茅斯会议到大模型时代”，这个书名很贴切，既与上一本书一脉相承，可以很好地展现 AI 走过的 70 年历程，让读者了解它是如何曲折地走到我们面前，从而了解 AI 广阔领域的发展历史及相关知识；同时，也着眼于各个领域的新发展，力求反映最新变化。

写作过程中，我的最大感受是 AI 飞轮正在加速转动，新鲜事件甚至有里程碑意义的事件层出不穷，让我眼花缭乱，难以捕捉并固化成历史。所以，本书以附录的形式给出了“人工智能大事记”，把 2022 年 11 月之前的大事都以年为时间单位进行记录，而那之后的大事以月为单位进行记录。

写作过程中，恰逢 2024 年诺贝尔奖宣布，AI 科学家历史性地群体性获奖，让我亲眼见证了 AI 的里程碑时刻，体会到记录历史的意义。

这是一部以通俗方式讲述 AI 发展史的读物，坚持的原则是“通俗实用”。“通俗”可打开科学坚硬的外壳，“实用”可让读者有实际收获，对工作和学习有所启迪和帮助。本书是否做到了这一点，有待读者评价。

对读者关心的 AI 未来，本书也作了描述。但是，如前所述，预测未来是很困难、很冒险的事。在 2024 年末，两位新科诺贝尔奖得主都对未来作了预测。辛顿预言 AI 在 10 年内毁灭人类，哈萨比斯预言 AI 在 10 年内治愈一切疾病。AI 的未来，我将与读者一起见证。

大家最关心的还是中国 AI 的发展动态与未来。写作过程，也是我对中国 AI 信心提升的过程。在改革开放之前，中国 AI 在全球没有声音，更没有话语权。而今天，从学术界到产业界，中国人的成就让世界瞩目。就在我写下这段文字时，一件让人振奋的事情又在中国发生了。2025 年春节前夕的 1 月 20 日，杭州的深度求索（DeepSeek）公司发布最新开源模型 DeepSeek-R1，它在性能上与 OpenAI 有高难度任务推理能力的 ChatGPT o1 大模型比肩，但在成本上大幅降低。深度求索通过算法创新研发高性能、低成本、低能耗的大模型，这为 AI 发展开拓了新路，引起全球科技界和产业界的极大关注，甚至引发了华尔街股市剧震。美国因此又扬言要对中国 AI 的这一重要创新进行调查甚至制裁。领先强国的一轮轮限制与制裁，正好说明我国 AI 追赶的步伐与实力。我国政府制定了宏伟的 AI 发展蓝图，在《新一代人工智能发展规划》中提出，到 2030 年，AI 理论、技术与应用总体将达到世界领先水平，成为世界主要 AI 创新中心。

2030 年并不远，之后中国 AI 一定还会继续快速前行。我相信，包括本书读者在内的一代代中国人，会在这激动人心的领域不断创新开拓，创造中国和世界的 AI 美好未来。

感谢雷军先生为本书写下精彩序言。

感谢对本书作出贡献和提供帮助的褚波、林军、刘洋、孙海亮、徐洁云、王思楠、邓晓进、吴非、黄旭、傅军、熊云飞、管心宇、丁家琦、吴兰等同事和同行，在大家的支持和帮助下，本书来到读者面前。

目录

1

|第一章| CHAPTER

令人意外的诺贝尔奖——人类的新里程碑

从来没有一位 AI 科学家获得诺贝尔物理学奖，这让辛顿获奖后的第一反应是“惊呆了”。

第一节　斯德哥尔摩的意外消息

每年 10 月，全世界的目光都会聚焦到北欧名城斯德哥尔摩，因为拥有最高荣誉的诺贝尔奖，将会在这里宣布当年除和平奖之外的各奖项得主。2024 年 10 月 8 日，是这一年诺贝尔开奖周的第二天，物理学奖在这一天的欧洲中部时间 10:30 宣布。之前，有无数机构预测过获奖名单，但当物理学奖最终揭幕时，所有的预测全部落空。获奖的约翰 · 霍普菲尔德（John Hopfield）和杰弗里 · 辛顿（Geoffrey Hinton）因在利用人工神经网络进行机器学习方面作出的卓越贡献，得到了诺贝尔奖评审委员会的肯定。但是，人工神经网络和机器学习一直都被认为属于人工智能（AI）领域，在这之前没人会把它们和诺贝尔物理学奖关联到一起。

诺贝尔奖是伟大的，但无法完全覆盖科学的广袤领域。例如，对于人类无比重要的数学，就没有被列入诺贝尔奖的范畴，计算机和人工智能科学也是如此。为了弥补这一遗憾，人们另外为数学设立了菲尔兹奖，为计算机、人工智能设立了图灵奖，这两个奖项同样在全世界享有极高声誉。由于有了图灵奖，诺贝尔奖也就安心地忽视人工智能科学家们了。

在 2024 年之前，从未有过科学家因为人工智能方面的贡献而获得诺贝尔奖。之前唯一的交集出现在赫伯特·西蒙（Herbert Simon，中文名司马贺，中国科学院外籍院士）身上，这位人工智能的重要奠基人之一，因在人工智能方向作出的巨大贡献在 1975 年获得图灵奖。不过，西蒙是一位全才，他在经济组织决策过程研究方面也取得了令人惊叹的成绩，因此在 1978 年又获得了诺贝尔经济学奖。经济学，一般被认为是社会科学的范畴。

但在 2024 年，约翰·霍普菲尔德和杰弗里·辛顿两位科学家因在人工神经网络方面作出的贡献而获得诺贝尔物理学奖。辛顿不但是获得图灵奖后又获得了诺贝尔奖的第二人，而且获得了物理学奖，这个事件无异于向物理学界乃至整个科学界投下一枚震撼弹。有人惊呼：诺贝尔物理学奖变成图灵奖了吗？辛顿本人也对这次获奖大感意外，接到诺贝尔奖评审委员会的电话后，他的第一反应是：惊呆了！他没有想过这件事会发生在自己身上。

10 月 9 日，2024 年诺贝尔化学奖揭晓，大卫·贝克（David Baker）、戴米斯·哈萨比斯（Demis Hassabis）和约翰·江珀

（John Jumper）三位科学家因对蛋白质结构研究的贡献获奖。与这次物理学奖无法预测的颠覆式结果完全不同，化学奖的结果早在之前的很多预测中就呼之欲出。科睿唯安（原汤森路透集团知识产权与科技事业部）是全球权威的数据分析机构，曾经成功预测了75位诺贝尔奖得主，2024年他们发布了“诺贝尔奖得主预测”名单，又准确预测了诺贝尔化学奖的结果。因为，利用AI研究蛋白质结构，上述三位科学家取得了突破性成果，获得诺贝尔奖是众望所归。

2024年诺贝尔物理学和化学奖预测与结果的表现大相径庭，却又殊途同归，共同把人工智能科学家推到诺贝尔奖舞台的高光之下，这在诺贝尔奖124年的辉煌历史中，是第一次出现。

第二节　从AlphaGo到AlphaFold

对辛顿和哈萨比斯而言，诺贝尔奖虽然是最高科学荣誉，但也是对他们贡献的迟到认可。多年来，他们在AI领域的开创性工作早已引起世界性关注，两人都是媒体长期追逐的著名科学家，是公众人物，获得过无数荣誉。

辛顿被称为“深度学习之父”，对于如今AI的蓬勃发展，以及AI引起人类社会的深刻变革，他作出了卓越贡献。关于他的故事，我们将在第三章叙述。

哈萨比斯第一次被人们知道是在2016年，那年春天，一款叫AlphaGo（阿尔法围棋）的AI程序打败了韩国的世界围棋冠军李世石。AlphaGo正是哈萨比斯创立的DeepMind（深度思维）公司的杰作。

今天回顾那场扣人心弦的史诗级的人机大战，笔者仍然心潮难平。

棋类博弈游戏一向被认为是智能的典型代表。德国诗人歌德说："象棋是人类智慧的试金石"，这方试金石，在AI的漫长历程中，常常被用来考验机器的智慧，是AI发展水平的一种体现。在AlphaGo出现之前，艰难考验中，AI已经越过了两道重要关口。1994年，加拿大阿尔伯塔大学的乔纳森·谢弗等打造的计算机棋手"奇努克"（Chinook）夺取西洋跳棋世界冠军，这一战载入了吉尼斯世界纪录。1997年，IBM公司的"深蓝"超级计算机战胜加里·卡斯帕罗夫，这个俄罗斯人本身就是一个奇迹，二十年称霸国际象棋棋坛，被誉为人类有史以来最伟大的棋手，但是却败给了深蓝。

在AlphaGo登场之前，AI取得的这些辉煌战绩还不足以动摇人类的自信心，因为还有围棋这道天堑在前面守候。围棋的复杂度，一向被认为是其他棋类不可比拟、机器智能难以逾越的关口。小小的棋盘上，围棋却复杂到难以描述。如果仅看空间状态复杂度，围棋棋盘上有$19 \times 19=361$个落子点，每个点可以有黑白空3种状态，因此围棋的可变化状态数量理论上最高可以达到$3^{361} \approx 10^{172}$种，而国际象棋只有10^{46}种。要理解10^{172}这样的天文数字有多么巨大，可能需要一点想象力，因为人类目前能观察到的宇宙中所有原子的总数，也才只有10^{80}左右。

围棋这种源于中国的古老博弈游戏，因为变化状态这种事实上的不可穷尽性，使人类将其看作一种高级智能活动，并以此为傲。人机大战赛前舆论一边倒地认为围棋奇才李世石将轻取AlphaGo。但结果却是，AlphaGo摧枯拉朽般战胜李世石，之后，也再未出现人类棋手战胜机器的记录。

那场人机大战使哈萨比斯一举成名，他的出身与不平凡经历都被媒体挖出。他 1976 年出生于伦敦，却有华人血统，父亲是塞浦路斯希腊人，母亲是新加坡华人。他是神童，5 次夺得世界智力运动会“智力五项”（Pentamind）的冠军。他还是国际象棋大师，13 岁时已经在全球 14 岁以下选手中排名第二。哈萨比斯本科毕业于剑桥大学计算机科学专业，在伦敦大学学院（UCL）获得认知神经科学博士学位。他兼有游戏开发者、认知神经学科学家、人工智能企业家等多重角色。

使哈萨比斯摘取诺贝尔奖桂冠的 AlphaFold（阿尔法折叠），与 AlphaGo 一样，都出自他 2010 年在伦敦创立的 DeepMind 公司。他为自己和公司设定的目标是，开发出像人脑一样能自主学习并掌握技能的通用学习机。这就是今天热议的通用人工智能（AGI），实现这样的目标，是一代代 AI 科学家的梦想。

特斯拉创始人伊隆·马斯克（Elon Musk）发现了哈萨比斯的才华并投资后，又向 Google 推荐。2013 年 12 月，在旧金山北部滑雪胜地太浩湖之滨的机器学习会议上，DeepMind 演示了一款靠自己学习玩游戏水平超过人类专业玩家的 AI 软件，让在场的专家感到震惊。一个月后，Google 以 4 亿英镑的天价全资收购了 DeepMind，再过两年，AlphaGo 战胜李世石。

AlphaGo 之后，哈萨比斯继续向自己的目标前进。当 AlphaGo 在人机大战中势如破竹时，坐在韩国首尔赛场旁边观战室的他，开始思考这项智能技术的未来应用方向，蛋白质结构研究正是其中之一。今天声名大噪的 AlphaFold，在那时就已经涌上他的心头。AlphaGo 团队凯旋的第二天，AlphaFold 项目悄悄启动。

蛋白质是组成生物体一切细胞、组织的重要成分，是生命的物质基础。人类对蛋白质结构的研究已有上百年历史了。蛋白质种类极多，已知的有上亿种，未知的更多。这样多的蛋白质，其实只由 20 种氨基酸组成。蛋白质的功能决定于它的结构，每一种蛋白质都有自己特有的空间结构。一维的氨基酸经过多次折叠，形成极其复杂的三维结构，这种三维结构通常被称为蛋白质的构象，即蛋白质的结构。简单的氨基酸链怎么折叠成无比复杂的蛋白质？这是一道难题，被称为“蛋白质折叠谜题”。这道谜题，折磨了蛋白质结构科学家 50 年。

由一维氨基酸折叠而成的蛋白质三维空间，结构复杂度有多高呢？一个只有 100 个氨基酸（蛋白质通常有数百甚至上千个氨基酸）的小蛋白质，最多有 $3^{198}\approx10^{94}$ 种不同构象，虽然空间状态复杂度比不上前面谈到的围棋盘上的变化状态，但这样一个小蛋白质的可能构象数目，同样远远超过可观测到的宇宙中的原子总数。

由于蛋白质结构研究的重要性、复杂性，它一直是诺贝尔化学奖的热门领域，1958 年以来共有 10 余次奖项与之相关。AI 进入蛋白质结构研究领域比较晚，与哈萨比斯同年获诺贝尔化学奖的华盛顿大学教授贝克，在 1998 年发布机器学习重要计算平台罗塞塔（RoseTTA），该平台主要用于对蛋白质结构进行预测与设计。为了促进研究工作，2008 年贝克团队独辟蹊径，推出基于罗塞塔平台的科学众包游戏 Foldit（折叠它），鼓励玩家以闯关的形式，将氨基酸链折叠成适当的三维形状，再由科学家检验结果。这项有趣、简洁易懂、有用的科学游戏，吸引了全球几十万专业和业余的玩家加入，哈萨比斯就是其中之一。由此可见，后来他闯入蛋白质结构研究领域，绝非一时心血来潮。

2018 年之前，AlphaFold 的蛋白质结构研究在 DeepMind 是一个秘密项目，不像 AlphaGo 那样大力宣传。2017 年 10 月，芝加哥大学刚毕业的理论化学博士江珀加入研究团队。江珀读博士期间，一直致力于利用机器学习来模拟蛋白质折叠和运动过程，对用来训练算法模型的蛋白质结构数据库 PDB（Protein Data Bank，全球蛋白质数据银行）也非常熟悉。他的加入，给项目带来了巨大的活力。

2018 年春天，AlphaFold 已经有了进展。怎么检验研究成果？大家自然想到 CASP（Critical Assessment of Structure Prediction，结构预测的评估判断），这是很权威的全球蛋白质结构预测竞赛。CASP 从 1994 年开始，到这年已经是第 13 届了。

CASP 竞赛规则很简单，组织者公布一张氨基酸序列清单，这些序列所代表的蛋白质结构已被实验科学家解析出来，但尚未公开发表。参加竞赛的全球研究团队可以用任何方法根据这张清单来预测蛋白质结构。预测结果由一支独立的科学家团队评估，与经过实验验证的结构进行比较，给出评分。满分为 100 分，满分意味着预测结构与实际结构中每一个原子都能完美匹配。而超过 90 分的预测结果说明已经有效地解决了蛋白质结构预测问题。

在准备参加 2018 年 CASP 竞赛之前，AlphaFold 团队还在犹豫是否以 DeepMind 名义参赛，因为不知道别的团队进展如何，如果预测结果不如人，怕影响公司声誉。但最终他们还是决定以 DeepMind 的名义参赛。在提交预测结果后，好消息很快传来，CASP 组织者建议 DeepMind 参加这一年 12 月的 CASP 会议，这意味着 AlphaFold 成绩不错。果然，年底在会上宣布竞赛成绩时，初次参加 CASP 竞赛的 AlphaFold，预测结果获得总分第一，超过第二名 13 分，但这样的成绩距离准确预测还有不小的差距。

哈萨比斯不满意这样的结果，因为这还没有达到 AlphaGo 那样的突破性。他召集会议，甚至用激将法询问团队：“我们要继续攻克这个问题吗？”江珀等人的回答当然是 Yes。不久，江珀开始领导研究团队对 AlphaFold 进行重构，经过一系列创新，开发出 AlphaFold2。AlphaFold2 最关键的改变是，算法模型架构从卷积神经网络（CNN）改为谷歌 2017 年推出的“转换器”（Transformer）。Transformer 这一革命性架构，让 AlphaFold2 性能有了脱胎换骨般的提升。Transformer 实际上也改变了整个 AI 领域，后来风靡世界的 ChatGPT，基础就是 Transformer。

AlphaFold 团队在 2020 年第二次参加了 CASP 竞赛。提交结果后，竞赛组织者发现，惊人的结果从评估专家的电子邮件里接连不断传来，一大堆近乎完美的蛋白质预测结构全部来自 AlphaFold2。它预测的大多数结构都已经达到甚至超过了 90 分。如前所述，这意味着 AlphaFold2 已经有效解决了蛋白质结构预测问题。

在 2020 年 12 月的 CASP 线上视频会议上，江珀展示了 AlphaFold2 的蛋白质结构预测结果，让线上的专家们感到震惊，科学家们一致认为，蛋白质科学的世界至此永远改变了。4 年后，贝克、哈萨比斯和江珀一起摘取 2024 年诺贝尔化学奖的桂冠。这一年，江珀 39 岁，博士毕业刚 7 年，是 70 年来最年轻的诺贝尔化学奖得主。

第三节　人类的新里程碑

2024 年诺贝尔奖是人类的新里程碑。

AI 发展过程中每一次重大突破，都树立起一座里程碑，也都掀起了新一轮公众关注的热潮。从 2016 年到现在，AI 引起的热潮已经有 3 次了。

2016 年 3 月 AlphaGo 打败了人类围棋世界冠军的人机大战，让全球公众都开始关注 AI。已经在学术界、产业界创造无数奇迹的深度学习，走进大众的视野。

2022 年 11 月 OpenAI 公司发布的 ChatGPT-3.5，创造了人类史上一款 AI 工具普及速度最快的纪录，让生成式 AI 应用迅速为公众熟知，掀起了普及应用的热潮。

2024 年 10 月的诺贝尔奖，是 AI 引起公众新关注的又一次热潮，其意义和影响远远超过上述两次。代表最高科学荣誉的诺贝尔奖，百年来一直记录和引领着科学发展和人类走向。深知自己有这样巨大的影响，诺贝尔委员会极其重视传统，百年间科学领域发生突飞猛进的进展，新学科层出不穷，但在自然科学领域，诺贝尔奖至今只设有生理学或医学、物理学、化学三个奖项。在 AI 早已广泛而深刻影响人类社会的今天，2024 年之前居然没有一位科学家因为 AI 领域的贡献而获得诺贝尔奖。这种不正常的现象早已引起不满，各种批评与议论多年来持续不断，却一直未能动摇诺贝尔委员会，他们有自己的坚持，不怕别人批评他们像鸵鸟一样把头埋进沙子。

但 2024 年的诺贝尔奖改变了这一切。AI 科学家群体性获奖，意外之余，全球舆论给予诺贝尔委员会高度评价，赞赏他们作出了关键性的改变，顺应了科学发展潮流，让这一最高科学荣誉为人类进步作出新贡献。

这是AI发展的一块重要里程碑，也是人类的新里程碑。

近些年这三次AI热潮，让以前神秘而高远的AI在公众中得到普及。AI、大数据、算法、算力、深度神经网络、生成式AI、大模型、智能体、具身智能、数字人等专业术语和概念，常常成为大众媒体的热词，这背后是AI大步进入人类社会一切领域，水银泻地般渗透进我们的生活与工作。

AI对人类社会有多大影响？早在AlphaGo战胜人类棋手的2016年，在工业革命的发源地，英国数字化和文化部部长马特·汉考克（Matt Hancock）就热情预言："AI有望像19世纪的蒸汽机那样，彻底改变我们的生活。"今天看来，他的话太保守。信息革命时代的AI，其重要性和影响远远超过工业革命中的蒸汽机。蒸汽机解放了人类的体力，而AI的影响正如诺贝尔奖得主辛顿所言，使"人类正经历一场比工业革命更伟大的智力解放"。AI已经开始并正在继续更彻底、快速地改变人类社会的一切。

2

|第二章| C H A P T E R

酷暑与寒冬——AI 的艰难历程

很少有哪一个科学领域像 AI 这样，在漫漫发展进程中，经历那么多的大起大落。

第一节　1956 年达特茅斯会议与 AI 诞生

面对今天的繁荣景象，很难想象，AI 的 70 年发展历程如此艰难。中国科学院自动化研究所研究员王飞跃曾经这样形容：AI 发展似乎没有经历春秋两季，只有夏天和冬天，忽冷忽热。

AI 在发展过程中，经历过两次极寒的严冬。

一般认为，AI 的起点在 1956 年夏季，在美国东北部风景如画的新罕布什尔州汉诺佛（Hanover）小镇。这一年的夏季，小镇上历史悠久的常春藤联盟大学达特茅斯学院（Dartmouth College）聚集了一群人。正是他们，开启了波澜壮阔而又起伏跌宕的 AI 壮丽史诗的序幕。

现在回望，那次达特茅斯学院夏季研讨会出席者都是出类拔萃之辈。与会者中竟然有马文・明斯基（Marvin Minsky）、约翰・麦卡锡（John McCarthy）、艾伦・纽厄尔（Allen Newell）、赫伯特・西蒙（Herbert A Simon），4 人后来都获得了计算机科学的最高奖——图灵奖。西蒙还获得了诺贝尔经济学奖。其余几位还包括：信息论创立者克劳德・香农（Claude Shannon）、开发出跳棋程序打败自己的阿瑟・塞缪尔（Arthur Samuel）等。尤其值得一提的是，这是一群中青年学者的集会，年龄最大的香农，当年也不过 40 岁。

灵魂人物、会议召集者麦卡锡当时是达特茅斯学院的数学系年轻助教，1955 年 8 月 31 日，他起草了由他和香农等 4 人联合签名的建议书，提议在第二年夏季召开一次人工智能会议，Artificial Intelligence（AI）的概念第一次在这份历史性的建议书中出现。也正由于这份建议书的出现，有人坚持认为 AI 的起点应该在这里，在 1955 年。晚年麦卡锡曾坦承，AI 一词并不是他的首创，是从什么地方搬来，出处自己也记不清了。尽管阿兰・图灵（Alan Turing）、冯・诺依曼（von Neumann）等计算机前辈人物也为 AI 思想形成作出重要贡献，但是“人工智能之父”的桂冠却早已经牢牢地戴在麦卡锡头上。

这样的荣誉，麦卡锡当之无愧。且不说他后来对 AI 的一系列重要贡献，单就他对达特茅斯夏季会议的设想、建议和组织，就足以名垂青史。

麦卡锡当时还未满 28 岁，他的思想却非常有前瞻性。要知道，世界上第一台数字电子计算机 ENIAC，在 9 年前的 1946 年才问世；美国大学的第一个计算机系，要 7 年后的 1962 年才在普渡大学建立。1955 年时整个计算机科学还在摇篮之中，而他在那个时候已经敢于大胆畅想 AI 的未来应用与前景了。

麦卡锡的构想非常宏大，建议书里开列了翌年会议研讨的 7 个领域：自动（即可编程）计算机、编程语言、神经网络、计算规模（即复杂性）理论、自我改进（即机器学习）、抽象、随机性和创见性。这些领域几乎勾勒出今后 AI 研究的雄伟轮廓。他信心满满地希望，10 位专家经过夏季 2 个月闭门研讨，可解决其中的一个或更多问题。他甚至预言：如果精心遴选一群科学家，经过一个夏季的协作，在上述领域将会取得重大进展。

他的预言当时不可能实现，迄今也只实现了一部分，其余仍然在实现的路上。

1956 年，达特茅斯会议如期在夏天举行。会议目标——“解决 AI 领域一个或更多问题”。虽然这在当时还无法实现，但西蒙和纽厄尔的启发式程序“逻辑理论家”（Logic Theorist），证明了名著《数学原理》第二章 52 个定理中的 38 个；麦卡锡介绍了下棋程序中 α—β 搜索法；明斯基带来了学习通过迷宫的 Snarc 学习机雏形。这些成果，开拓了 AI 最初的学科研究疆界。与会者和他们的一代代学生，造就了 AI 日后的繁荣。

会议期间，“人工智能”的名称被确定（尽管当时也有争论），任务得以初步明确，并出现了最初成果和最早一批研究者。这都被广泛认为是 AI 诞生的标志。这一崭新学科从此上路，开启了自己崎岖不平的征程。

第二节　初期的繁荣与乐观

开始的情况似乎比较顺利，之后的十多年，AI 不断取得突破，涌现了大批成功的 AI 程序和新研究方向。

尽管当时编程工具十分初级，AI 研究人员只能够着眼于一些特定问题，但那时出现的几何定理证明器，已经可以证明一些学生感到棘手的几何定理；西洋跳棋程序，水平进化到可以打败州冠军的程度；智能程序已经能求解大学一年级的一些微积分问题；结合了多项技术的积木系统，可以用机械手每次拿起一块积木，按照指定方式调整积木堆。人们发现，原以为只能进行数值计算的机器，已经能做一些原来只能由人类智能才能做的事情，于是感到欢欣鼓舞。

AI 专门研究机构开始被创建，资助经费大量到来。麦卡锡和明斯基先后跳槽到 MIT（麻省理工学院），创建了第一个 AI 实验室。1963 年，刚成立的 ARPA（高级研究计划局，是因特网的创始者）立刻给予 MIT 的 AI 研究 220 万美元，后来追加到每年 300 万美元。纽厄尔和西蒙所在的卡内基梅隆大学以及斯坦福大学的 AI 项目，同样得到 ARPA 的经费资助。美国国家科学委员会（NRC）对机器翻译等 AI 项目提供了 2 000 万美元资助经费。另一个重要的 AI 实验室于 1965 年在英国爱丁堡大学建立，也得到了充足的经费支持。

总之，达特茅斯会议之后的十多年，AI 研究不断取得进展，鼓励前沿探索研究的资助经费源源不断，有人把这段时间称为 AI 的黄金十年。

当时的 AI 研究人员和领军人物对未来极其乐观。1958 年西蒙预言“10 年之内，计算机将成为国际象棋世界冠军。”纽厄尔则说“10 年之内，计算机将发现并证明一个重要数学定理。”1965 年，西蒙认为“20 年内，机器将能完成人能做到的一切工作。”到 1967 年，明斯基更大胆判断：“在我们这一代人的努力下，AI 的难题将会从根本上被解决。”这就是著名的“一代人解决 AI 问题”豪言。

第三节　遭遇计算能力瓶颈

但是，到了 20 世纪 70 年代初，AI 遭遇了瓶颈，问题和批评接踵而来。

人们发现，即使是最杰出的 AI 程序，实际上也只能解决重要问题中最简单的一部分，换句话说，那时几乎所有的 AI 程序都只是“玩具”。

AI 研究人员遭遇的最重要瓶颈是当时计算机能力严重不足，有限的处理速度和内存不足以解决许多实际的 AI 问题。例如，在自然语言处理方面，内存只能容纳含 20 个单词的词汇表，只能应付表演。有人指出，计算机与 AI 实际需要的强大计算能力相比，还差百万倍。

更有人从理论上证明，AI 有关的许多问题只能在指数时间内获解（处理时间与处理规模的幂成正比）。按这样的理论，解决稍微复杂一点的问题，以当时的计算能力，几乎需要无限长的时间。这意味着，AI 中的许多程序理论上只能停留在简单玩具阶段，不会发展为实用工具。

随着 AI 研究的不断深入，研究人员发现，机器智能与人类智能之间在当时几乎有不可逾越的鸿沟。机器证明、机器视觉、机器翻译、自然语言理解等曾经被认为可以很快取得突破的领域，都没有按照预期取得进展。最终人们发现，机器的认知与人脑相比，显得过于肤浅。

这就是AI，仿佛有无数路径可逼近人脑的核心，但再往前走，却发现高墙林立。

冰冷的寒风吹来了。著名应用数学家莱特希尔（James Lighthill）爵士受英国科学研究委员会（Science Research Council）之托，全面审核调研AI领域学术研究的状况。1973年，历史上赫赫有名的《莱特希尔报告》（*Lighthill Report*）推出。报告批评了机器人和自然语言处理等AI领域里的许多基本研究，结论十分严厉——“AI领域的任何一部分都没有能产生人们当初承诺的有主要影响力的进步”。整个报告，流露出对AI研究在早期兴奋期过后的全面悲观。

莱特希尔当时是剑桥大学卢斯卡讲席教授，他这一职务的前后任，分别是狄拉克和霍金，由此可见他在学术界的巨大声望与影响。正是由于这种声望与影响，《莱特希尔报告》一出，英国政府停止了对除三所大学之外的全部AI相关研究的资助。

同样，美国政府受到来自国会的压力，大规模削减了AI探索性研究经费，转而资助那些被认为更容易取得有影响力进展的领域。

各国政府纷纷仿效，这如同釜底抽薪，曾经火热的AI一下子从云端跌落，开始经历第一次“人工智能寒冬”（AI Winter）。在之后的十来年间，AI几乎淡出人们的视野。

第四节　复兴与再度冰冻

AI的第二次高潮在20世纪80年代初开始，引领力量是知识工程和专家系统。专家系统实际上是一套软件，能够从专门的知识库系统中，通过推理找到一定规律，像人类专家那样解决某一特定领域的问题。简单说，专家系统等于知识库加上推理机。

这一次 AI 复兴，与斯坦福大学教授爱德华·费根鲍姆（Edward Feigenbaum）有很大关系。由于对 AI 的贡献，他获得了 1994 年的图灵奖。费根鲍姆通过实验和研究，证明了实现智能行为的主要手段在于知识，且在多数情况下是特定领域的知识。他最早倡导“知识工程”（Knowledge Engineering），使知识工程成为 AI 领域重要分支，他也成为这条分支的奠基人。

早在 1965 年，他和诺贝尔奖得主莱德伯格（Joshua Lederberg）等人合作，开发出了世界上第一个专家系统程序 DENDRAL。DENDRAL 能够从几千种可能的分子结构中挑选出一个正确的。这一示范性专家系统引起很大轰动，很多科研机构和企业纷纷开发自己的专家系统，20 世纪 80 年代初 AI 进入高潮。

1980 年，卡内基梅隆大学为 DEC（数字设备公司）设计了名为 XCON 的专家系统，每年为公司节省 4 000 万美元，吸引全球企业为专家系统进行大量投资。到了 1985 年，全球投入已超过 10 亿美元，催生出一批 IT 新公司。

各国政府也努力赶上这波 AI 潮流，纷纷推出政府主导的宏伟 AI 新计划。日本号称投资 8.5 亿美元的五代计算机计划、英国耗资 3.5 亿英镑的阿尔维（Alvey）计划，相继在 20 世纪 80 年代推出。而美国的 DARPA（国防部高级研究计划局，即之前的 ARPA）对 AI 的投资，1988 年已增加到 1984 年的 3 倍。

AI 的第二次热潮，在 20 世纪 80 年代后期开始降温，到了 20 世纪 90 年代几乎完全冷却，标志事件是各国政府基本停止对 AI 的经费支持。AI 的再一次跌落，有一个重要原因是个人计算机的迅猛普及，原来需要高昂投资的 AI 软硬件设施，其任务由个人计算机就可以承担，那些原来雄心勃勃的计划，在现实中已经没有必要或不可能按照原来的设想实现。严格说，AI 第二次低潮的出现，是由于关注点和投资迅速转向了个人计算机和后来的互联网产业，这种转移对 AI 产生了强烈影响。

日本的五代计算机计划声势最大，结局也最为悲壮。1981 年，全球电子行业风头正盛的日本，已经在计算机的核心器件——半导体存储器 DRAM 等硬件领域超越美国，为了赢得与美国在未来 IT 领域的全面竞争，日本政府把突破口选择在发展第五代智能计算机上。这是一个雄心勃勃的计划。

日本五代计算机的主要目标是采用新储存结构、新程序设计语言和新操作系统，突破“冯·诺依曼瓶颈”，大规模并行处理知识信息。日本规划的五代计算机有这样的功能：能处理知识；具有听觉、视觉甚至味觉；能听懂人说话，自己也能说话；能认识不同的物体，看懂图形和文字；甚至，不再需要编写程序指令，只要人类口述任务，机器就能自动理解并完成工作。五代计算机实际上就是智能机，研究人员把这样的新一代计算机称为“知识信息处理系统”(KIPS)。

日本投入巨大财力，通产省为五代计算机制定的十年计划预计投入 4.5 亿美元，加上企业投入，总投入预期会到 8.5 亿美元，最终可能超过 10 亿美元。

日本五代计算机的领军人物、新一代计算机技术研究所（ICOT）所长渊一博年富力强，当年才 46 岁，他要求研究人员年龄不超过 35 岁。他的年轻科研团队，被戏称为“四十浪人”。日本浪人即江户时期失去主人、居无定所的流浪武士，几乎是亡命徒的代名词。渊一博和五代计算机的“科研浪人”们，自我封闭在东京都市繁华区东京塔旁的办公楼内，近乎玩命地拼搏。日本记者曾动情地写道：如果你在地铁上看见有人一边看资料一边啃面包，那么他十有八九是ICOT的科研人员。参与了日本五代计算机计划的费根鲍姆也为这群人感叹：他们自信AI能够实现，而他们正是使之实现的人。

最后结果是，渊一博军团悲壮地一步步走向困境，最终折戟沉沙，日本五代计算机项目于1992年终止。

1997年6月，我在日本拜访传奇人物渊一博，见证了AI在日本的退潮期。我们见面时，他早已从东京市区豪华办公楼搬到庆应大学一间简陋办公室。在低沉的气氛中，渊一博和我回顾了五代计算机和AI的那一段历程。临别，目送他落寞的背影，我深切感受到当时日本在AI研究方面遭受的挫折。昔日繁荣已经远去。

20世纪90年代初AI进入的第二个寒冬长达20年。在很长时间内，AI项目很难拿到资助经费，相关学科和专业的毕业生也很难找到好工作。甚至，AI领域的教学、科研人员都不好意思对人介绍自己是搞AI的，因为不少人视之为空谈。

有人形容美国高校当时的AI生存状态：“计算机系里一般有三群人，一群搞计算机理论，一群搞计算机系统，另外一群搞AI。前两群常常因门户之见互相瞧不起，而这两群人共同瞧不起的，却是搞AI的这群人。”这样的形容有点辛辣，却真实反映出AI那时的窘况。

这就是AI，因其伟大，故而艰难。

第五节　迎来春暖花开

但是，即使在这样的环境中，AI 仍然在默默前行。在 AI 最困难的时候，全球科学家仍然在顽强地坚持，学科领域还在不断扩大，研究和应用也在不断深入。个人计算机产业蓬勃发展、互联网广泛使用，其实也是一柄双刃剑，一方面把 AI 逼入寒冬；另一方面，却使人类社会获得前所未有的强大计算能力，通过互联网积累的信息、数据也出现爆炸性增长，这些实际上都在为 AI 日后复兴打下无比坚实的基础。

吹开 AI 冰封寒冬的春风，已经在不远的前方了。

气候是渐渐变暖的。在学术圈外，大家甚至没有感觉，但在学术圈内，重要的 AI 创新一直没有停息。

2024 年诺贝尔物理学奖得主之一的约翰·霍普菲尔德，在 1982 年提出了一种新的神经网络，可以解决一大类模式识别问题。它后来被称为霍普菲尔德神经网络。1987 年贝尔实验室在这个神经网络的基础上成功研制出神经网络芯片。霍普菲尔德神经网络是一种循环神经网络，也是反馈神经网络，其输出端会反馈到输入端，工作中的反馈过程会一直反复进行，直到输出一个稳定的值。霍普菲尔德神经网络还能模拟人类记忆。这个革命性的思想，为今天风行的深度学习奠定了坚实基础，霍普菲尔德因此摘取了诺贝尔奖桂冠。

在欧洲，1991 年德国慕尼黑工业大学毕业的尤尔根·施密德胡伯（Jürgen Schmidhuber）博士开启了自己的奇迹之年（类比于爱因斯坦 1905 年在物理学方面取得突破性进展），在 1990 年到 1991 年期间，他对 GAN（生成对抗网络）、自监督预训练原理进行了深入研究，为30多年后兴起的ChatGPT等生成式AI浪潮作了先驱性的探索，他也被称为“生成式人工智能之父”。他与学生在1997年推出的长短期记忆（LSTM）的架构和训练算法，广泛用于自然语言处理、语音识别等应用，后来苹果的语音助手Siri、谷歌的机器翻译等重要的AI工具，都采用了LSTM架构。他的工作在ChatGPT诞生前被称为“最具商业价值的人工智能成就”。心高气傲的科技企业家埃隆·马斯克甚至这样盛赞他：“施密德胡伯发明了一切。”

这些科学家在极端困难的条件下的集体努力，迎来了AI春暖花开。而且，正如华人AI科学家吴恩达所言，不会再有冬天了。

这群科学家中，2024年诺贝尔物理学奖得主辛顿的坚持尤为感人。他的贡献，也显得特别耀眼。正是辛顿等科学家在人工神经网络领域锲而不舍地研究与探索，深度学习才会脱颖而出，创造出今天AI的一个个奇迹。

3

|第三章| C H A P T E R

杰弗里·辛顿——突破人工智能关键技术的人

杰弗里·辛顿这位实习生，他的漫长学术生涯，几乎与AI学科同龄。

第一节　实习生培训班的老人

2012年夏季的一天，谷歌公司的实习生培训班里，来了一位头发花白的奇怪老人。在这群年轻实习生中，他显得非常特别，不但年龄很大，而且仿佛什么都不懂。比如，培训老师说，“输入你的LDAP（轻量目录数据库）用户登录码”，老人会立刻举手问道：“什么是LDAP？”培训班上的年轻人都在想，“那个老家伙是谁？为什么他连LDAP都不知道？”

有一天，有人在餐厅吃午餐时发现老人，立刻走过来热情地说，“辛顿教授，我选修了你的课。你在这里做什么？”实习生们大为惊讶，原来天天和他们坐在一起的这位老实习生，是“深度学习教父”、加拿大多伦多大学计算机系的教授辛顿。

不过，那时的辛顿，在 AI 圈子里虽然已经很有名气，但和今天的影响相比，依然不可同日而语。现在，深度学习引领的技术潮流已经席卷全球，成为 AI 这一轮复兴的关键技术。辛顿也成为媒体追捧的科技巨星。

辛顿居然在谷歌公司参加过实习生培训，这是一段颇有戏剧性的故事。谷歌大脑（Google Brain）负责人杰夫·迪恩（Jeff Dean）邀请辛顿到谷歌工作，他自己也愿意到谷歌工作 3 个月，双方一拍即合。可是，怎么进入谷歌？他们遇到了麻烦。谷歌有一些古怪的规定，让短期工作的辛顿不得不经过实习生培训。这样，60 多岁的他，出现在年轻实习生队伍里。在谷歌看来，这没有什么好奇怪的，同样是名人的美国工程院院士迪恩进入谷歌时也经过了面试。

辛顿与谷歌的缘分并没有因为这点小插曲而断绝。几个月后，他和他的学生在 ImageNet 图像识别竞赛中取得惊人成果，谷歌不久就伸出投资的橄榄枝了。

辛顿 1947 年出生于英国，获诺贝尔奖时他已经 77 岁了。这项荣誉固然重要，但在他的家族史上，并非意外。他的家族有很深的学术渊源，父亲是一个热爱冒险的昆虫学家，曾祖父的岳父就是大名鼎鼎的乔治·布尔（George Boole），也就是符号逻辑领域的先驱。符号逻辑是促进计算机诞生与发展的重要基础研究之一，“布尔代数”就是以乔治·布尔的姓命名的。家族成员中，还有一些人从事学术工作并很有造诣。

这样的家族背景，使辛顿从小就对科学产生了浓厚的兴趣。辛顿很早就开始思考人的大脑，想弄清人脑的工作方式。16 岁时一位同学给他介绍关于记忆的理论：大脑对于事物和概念的记忆，不是存储在某个单一的地点，而是像全息照片一样，分布式存储于一个巨大神经元网络里。全息照片、神经元网络，这些概念深深启发了他，让他对神经网络产生了浓厚兴趣，这种兴趣后来发展为他的终身研究方向，一直坚持到现在。

很自然地，辛顿进入剑桥大学心理学专业并于 1970 年本科毕业。1978 年，他取得爱丁堡大学 AI 专业博士学位，这所大学的 AI 实验室，是世界上最早建立的 4 个 AI 研究基地之一。博士毕业后，他在卡内基梅隆大学等多所欧美著名高校游学和研究，最后到加拿大多伦多大学任教。无论他走到哪里，他的研究方向始终聚焦于人工神经网络。如果从少年时代思考人脑工作原理开始计算，那么他在神经网络方面的漫长学术生涯，几乎与 AI 学科同龄。

第二节　人工神经网络道路崎岖

今天的 AI，正在向全社会普及。而这一切，与以辛顿为代表的一批科学家在 AI 寒冬中顽强坚持人工神经网络科研方向有很大关系。

人工神经网络简称神经网络，是 AI 的重要研究领域。AI 研究领域一直有两大学派，一个是符号学派，也被称为符号主义；另一个是联结学派，也被称为联结主义（也有人认为有三大学派，另一个学派叫行为学派）。两大学派都从人脑得到启示，开始 AI 研究。符号学派从人脑的推理功能出发，认为要模拟人脑的逻辑推理思维，就要把相关的信息抽象为符号，然后进行符号运算，从而实现推理功能。联结学派则从人脑的组织出发，进行机器模拟。人脑有大量被称为神经元的脑细胞，人之所以能够进行思维活动，就是因为这些神经元互相联结，处理各种信息。同样，如果用机器模拟神经元，并建立人工神经元联结网络，这样的人工神经网络就能够进行思考。属于联结学派的人工神经网络，一直按照这样的思路进行研究。

正像 AI 领域的所有研究一样，人工神经网络的发展道路注定不会平坦。

神经网络的概念实际上先于 AI，在 20 世纪 40 年代就出现了。AI 学科创始人之一的马文·明斯基 1951 年就研制出基于人工神经网络的学习机，他在达特茅斯会议期间拿出来交流的，正是这个人工神经网络系统。1957 年康内尔大学心理学教授弗兰克·罗森布拉特（Frank Rosenblatt）提出的“感知器”（Perceptron），是第一次用算法来精确定义人工神经网络，这也是第一个具有自组织、自学习能力的数学模型，成为后来许多人工神经网络的基础。另外，这台电子感知机因为能读入并识别简单的字母和图像，在当时引起轰动，引来对 AI 的无数美好遐想。

但是，那个时代的人工神经网络系统根本不可能实用，马文·明斯基自己后来也对感知机提出严厉批评。人工神经网络的研究，很快在 AI 的第一次寒冬中进入低潮。

辛顿博士毕业不久，AI 刚好迎来第二次高潮。一直在人工神经网络领域耕耘的他并没有感到好时光到来，因为那个时代符号学派占了上风，名噪一时的专家系统、智能推理机，都是符号学派的胜利。而到了 AI 的第二次寒冬，所有的 AI 项目却都受到重创，人工神经网络也是如此。

人工神经网络这个想法非常好，研究成果也大量出现。但随着对人脑研究的深入，人们发现，人脑的确是宇宙中最复杂的，模仿人脑实现人工神经网络系统，谈何容易。

一个人类的大脑保守估计有 860 亿个神经元（即通常说的脑细胞）。人们常常将人脑比喻成一台计算机，实际上每一个神经元都是一台计算机。每一个神经元有无数突触与其他神经元相连，估计突触的数量在 100 万亿到 1 000 万亿之间。人脑这些天文数字般的数据，足以让人望洋兴叹。更何况，目前对人脑的认识仍然在深化之中，人脑的奥秘至今未向我们完全呈现，由此可见对人工神经网络进行研究有多困难。谷歌大脑曾经是最著名的人工神经网络系统，目标也不过是实现了大脑某一部分的功能。

第三节　寒冬中的坚持

由于人工神经网络具有高度复杂性，这一研究方向一度被认为是学术死路。在 AI 第二次进入低谷时，很多同行开始转去研究别的领域，但是辛顿等人仍然在这里坚守，他因而被视为不可理喻的怪人。说起人工神经网络，人们都用不屑的眼神看着他。尽管辛顿在人工神经网络领域硕果累累，并在 1998 年被选为英国皇家学会院士，还获得了很多其他荣誉，但仍然不能扭转人们对人工神经网络的偏见。很长一段时间里，多伦多大学计算机系私下流行着一句对新生的警告：不要去辛顿的实验室。

辛顿不为所动，仍然坚持自己的人工神经网络的研究方向。

据说他有一种激励自己的特殊方法，每周他都要发泄般大吼一次："我发现大脑是怎样工作的啦！"这样的习惯，几十年一直保持下来。

在人工神经网络相关学术论文很难得到发表的那段时间，他坚持写了两百多篇研究论文，为后来的突破打下了坚实的基础。但科研经费又成为他的大问题，全世界当时的神经网络研究已经很难拿到经费了，多伦多大学当时并不被认为是 AI 研究中心，所以就更难以得到 AI 研究相关的支持。

功夫不负有心人。2004 年，辛顿终于从加拿大高等研究所（CIFAR）获得了每年 50 万美元的经费支持，和日本五代计算机等知名 AI 项目得到的资金相比，这实在是一笔微薄的经费。但是，"神经计算和适应感知"项目在雅恩·乐昆（Yann LeCun，即杨立昆）、约书亚·本希奥（Yoshua Bengio）两位志同道合者的良好合作下，将一批一流的计算机、生物学、电子工程、神经科学、物理学和心理学专家团结在一起，共同探索人工神经网络模拟人脑智能的新方法。

值得一提的是，由于有严重的腰椎间盘疾病，2005 年以后，辛顿从不敢坐下，如果要坐下来，就会冒腰椎间盘滑脱的风险，而一旦腰椎间盘滑脱，疼痛会使他卧床数周，甚至可能瘫痪。所以，他在多伦多大学办公室里用一张站立式办公桌。吃饭时，他跪在桌旁一个泡沫垫板上。出差旅行，他只能躺在交通工具上。他不能坐商业航空公司的飞机，因为起飞和降落时要求乘客保持坐姿。总之，他是一位只能终身站立工作的科学家，以难以想象的、惊人的毅力实现了突破。

第四节　深度学习登场

重大突破出现了。2006年7月28日，辛顿和学生的论文《用神经网络降低数据维数》在美国权威的*Science*杂志发表，这篇论文被认为是深度学习领域开创性的论文。论文中介绍了人工神经网络的一些新方法和技巧，引起AI和人工神经网络界的关注。而他们和经费支持者CIFAR，开始把他们的新思想和新方法，用20年前就出现过但没引起重视的一个术语“深度学习”（Deep Learning）来描述和包装。于是，深度学习登场了，并渐渐地成为AI和人工神经网络最热门的研究方向，在某些场合，深度学习甚至成为人工神经网络的代名词。

尽管2006年以后深度学习就开始引起关注，但震撼性的影响发生在6年后，在2012年ImageNet的ILSVRC（大规模视觉识别挑战赛）竞赛上。ILSVRC竞赛，是在斯坦福大学华裔女科学家李飞飞和普林斯顿大学华裔教授李凯合作开发的ImageNet大型图像数据库项目基础上创办的权威竞赛，有时也称为ImageNet图像识别竞赛或ImageNet竞赛。这项竞赛成为图像识别领域当年最高水平者之间的较量。

辛顿和他的两名学生亚历克斯·克里切夫斯基（Alex Krizhevsky）、伊利亚·苏茨克维（Ilya Sutskever）组成多伦多大学小组，在2012年的ImageNet竞赛中采用深度学习赢得了图像分类比赛冠军。他们的作品不仅识别出猴子，而且区分出蜘蛛猴和吼猴，以及各种各样不同品种的猫。

一次比赛的冠军也许并不重要，重要的是辛顿小组用了与其他参赛者完全不同的方法，得到颠覆性的结果。竞赛中，他们采用 8 层深度网络 AlexNet，识别结果错误率降低至 16.4%，相比第二名东京大学 26.2% 的错误率，有了 10% 以上的巨大提升。而第二到第四名都采用传统计算机图像识别方法进行分类，他们之间的错误率的差别不超过 1%。也就是说，采用深度学习技术，图像识别的准确率进步（即错误率降低），一下子提高了一个数量级。

2012 年 10 月，在意大利佛罗伦萨的研讨会上，竞赛组织者李飞飞宣布了这一压倒性的结果。这对计算机视觉领域产生了极大的震动，并迅速影响到 AI 学术界和企业界。

深度学习的热潮从此掀起，一波接一波向前推进并不断发展，基于深度学习的创新不断涌现。深度学习迅速进入一个又一个领域并连战连捷，势如破竹，最终到今天进入大模型阶段，形成锐不可当的 AI 狂潮。

第五节　AI 人才战，打响第一枪

ImageNet 竞赛结果发布后几个月，也就是 2013 年的春天，谷歌收购了多伦多的 DNNresearch 公司。DNN（Deep Neural Networks）即深度神经网络。DNNresearch 公司由辛顿在 2012 年创办，连辛顿和他两位学生一共才 3 个人。DNNresearch 被收购后，辛顿很自然地成为谷歌公司的 AI 顾问，后来他还担任过谷歌大脑部门的负责人，直到 2023 年辞职。

这一次的收购非常具有戏剧性。故事发生在 2012 年 12 月初，地点在我们第一章中就提到的距离硅谷北面不远的太浩湖畔。辛顿和学生创办的 DNNresearch 公司没有产品，也没有多少销售额，但他们希望有人投资支持公司发展。消息传出，感兴趣的公司不少，其中包括中国的百度公司。怎么选择投资人呢？辛顿感到为难，最后他听从律师的意见，通过拍卖竞价选择。于是他和学生趁着参加学术会议的机会来到太浩湖，在一家酒店里进行秘密拍卖，参加竞拍的公司完全不知道还有哪些竞争对手。在这里，辛顿他们可以和投资人进行当面交流，但投资人只能在线上按照规定的时间进行竞价，每次报价以百万美元为单位竞争。对这家只有三人的空壳公司的争夺竟异常激烈，当报价到 2 200 万美元时，微软选择退出，百度和谷歌却没有放弃。直到接近午夜，竞价达到 4 400 万美元时，辛顿暂停拍卖，他需要睡一觉并思考。第二天，辛顿宣布不再接受竞价，拍卖结束，他决定把公司卖给谷歌。百度虽败犹荣，参加了 AI 发展史上堪称经典的这一战，表现出它们对深度学习的高度敏感，具有很强的战略眼光。

这次拍卖现场内外，出现了两位华人 AI 科学家的身影，他们是余凯和邓力，分别代表百度和微软。两人都对辛顿的工作比较熟悉，对深度学习的潜在影响十分了解。他们的故事在本书后面会详细介绍。

刚成立两年的哈萨比斯的 DeepMind 公司也参加了这次拍卖竞价，只不过当时资金有限，希望用自己的股份作价进行投资，但没有得到同意，于是早早地退出竞争，但是哈萨比斯的雄心由此可见一斑。一年以后，他再次来到太浩湖，这次是为自己的公司寻求投资，最后提供天价投资的依然是谷歌公司。

深度学习的概念、深度学习科学家的价值，那时已经引起关注。大感意外的辛顿这样告诉别人：“我以为他们对我们的知识产权感兴趣，结果他们对我们这几个人感兴趣。”

是的，雄心勃勃要在AI领域进取的谷歌，感兴趣的正是辛顿这位深度学习的领军人物。这次收购，实际上也打响了高科技公司巨头的深度学习人才争夺战的第一枪。后来，曾经在辛顿门下攻读过博士后的纽约大学计算机系教授杨立昆、加拿大蒙特利尔大学教授约书亚·本希奥，先后被Meta（原Facebook）、微软聘用。辛顿和这两位教授志同道合，是鼎鼎有名的HLB组合，被称为“深度学习三人帮”，他们都与加拿大有渊源，又共同成为深度学习的先驱人物，并使深度学习成为今天AI的技术主流。三人后来一起获得2018年计算机和人工智能领域最高荣誉——图灵奖。所以，他们在AI人才市场上能如此抢手，就不奇怪了。

了解了这些，就不难明白为什么辛顿等人被高科技公司巨头网罗，是深度学习人才战的标志性事件了。受这个事件的影响，越来越多的企业参与进这场AI人才大战，促进了AI在各行各业的深入应用。由于深度学习人才大量走入企业，使这一次深度学习掀起的AI革命热潮，与AI发展史上以前两次热潮有极大不同，不但科研人员大量流向企业，投资主体也已经从政府转向企业。回顾计算机和互联网走过的道路，都有过这样的经历：从军事和科研领域转向商用，再转向大规模民用，从而在全社会普及。深度学习兴起之后，AI开始向全社会的普及，掀起的狂潮更胜计算机和互联网时代。

4

|第四章| CHAPTER

高飞的双翼——深度学习成功的秘密

深度学习诞生时的环境，是辛顿的坚持获得成功的基础。

第一节　不是只要算法好就能成功

深度学习之所以迅速成为统治 AI 的最热门技术，除因为在思想和算法上有重大突破之外，它诞生时的计算机算力环境与数据环境也是重要原因。深度学习生逢其时，命运之神终于眷顾辛顿了。

深度学习是机器学习领域的分支学科，而机器学习（Machine Learning，ML）这门 AI 中的交叉学科，历史与 AI 同样悠久。机器学习的思路是让计算机自动学习相关知识并解决实际问题。实现机器学习有很多方法，深度学习即深度神经网络（DNN，Deep Neural Networks）是其中的重要方法之一。

AI、机器学习、深度学习之间的关系，可以这样简单概括：AI是目的，机器学习是方向，深度学习是路径。

机器学习、人工神经网络都不是新东西，深度学习虽然严格说也不是新东西，但它在2006年被辛顿等重新包装推出时，的确有很多创造性的新思想和算法，让机器学习焕然一新。但是，AI的历史告诉我们，不是只要算法好就能成功。比如，深度学习用统计学方法巧妙处理深度神经网络数据的权重，对概率上相对近似度高的数据进行合并处理，这大大降低了数据的维数，也就是降低了复杂度。由于应用了这项关键技术，辛顿把自己构建的深度神经网络称为深度置信网络。但是，即使深度置信网络大大降低了数据的维数，涉及的数据量和计算量也依然惊人。

人工神经网络模仿人的大脑，用学习的方法获取准确知识并用之解决问题。最初的人工神经网络只有一层，这样简单的人工神经网络当然不能实用。由于人脑的学习过程是分层进行的，人工神经网络后来又发展成多层神经网络，在输入层和输出层之间加上隐层，这就是3层神经网络。隐层还可以不断增加，达几层、几十层或者更多。夺得2015年ImageNet竞赛冠军的微软ResNet系统，就是152层的深度神经网络。现在，数千层的深度神经网络也屡见不鲜。

深度神经网络可以使学习一层层深入，这使深度神经网络或深度网络有时也成为深度学习的代名词。从常识上看，有深度固然好，但随着人工神经网络层数的增加，其复杂度也会随之越来越高，计算量变得越来越大。深度学习中涉及的数据需求，也会随着深度神经网络系统规模的增加而大大增加。

就像人类学习需要各种学习材料、学习场景一样，机器学习也需要这些，只不过机器需要的学习材料、场景都必须数据化。人类学习可以分为有老师的学习和无老师的学习一样，机器学习同样可以分为监督学习和无监督学习，监督学习必须使用经过标注的数据，无监督学习使用的数据不需经过标注。

人工神经网络本质上是一个数据驱动模型，需要提供数据让机器去学习，然后根据学习的结果不断调整、优化模型中的参数，使模型达到收敛，也就是达到预期学习效果。这一过程叫训练。

一个人工神经网络系统一般需要 3 个数据集——训练集、开发集、测试集。训练集规模越大、匹配度越高，训练效果（也就是学习效果）越好。

如果人工神经网络系统的训练数据太少，会出现“过拟合”。这个专业术语的意思是学习结果过于针对特定情景，不能推广。而学习结果能广泛适用，则称为“泛化”。正像人类学习能举一反三是因为掌握大量知识一样，机器学习也需要大量的、多样化的数据。

形象地说，机器学习需要大量多样化的数据，“喂”进数据越多，质量越好，学习效果越好。今天大火的大模型，正是遵循了这一规律。

辛顿想了很多办法来减少对监督学习的需求，因为这意味着大大减少工作量和提高训练速度。他的创新思路是把无监督学习和监督学习结合使用。先让机器自己进行无监督学习，即自动处理没有经过标注的数据，进行逐层预训练。使得在利用反向传播算法对网络进行全局优化之前，网络参数能达到一个好的起始点，从而在训练完成时能达到较好的局部收敛点。最后进行监督学习，即用经过标注的数据进行训练。这样大大提高了训练的速度。辛顿形象地比喻说:“想象一下小孩子，当他们学着辨认牛时，并非需要去看几百万张妈妈们标记上‘牛’的图片，他们仅仅是自己学习牛的样子，然后问道:‘这是什么?’妈妈会说:‘这是一头牛’，他们就学会了。”

这是深度学习巧妙的学习过程，但即使有这些发明，深度学习也只有在计算能力大大增强和海量数据出现的情况下，才能充分发挥作用。

还有，如果要使人工神经网络系统表现得更加优秀，会涉及一个有趣的术语，即鲁棒性（Robust)。这个英语术语的音译非常传神，让人一望可知含义是粗壮、稳定。怎么提高人工神经网络系统的鲁棒性呢?常用的方法之一是通过人为添加一定的噪声来进行训练。这就好比军人在平时训练中要增加一些恶劣场景来提高训练水平，以提高实战能力一样。而在人工神经网络系统中，为提高鲁棒性会添加噪声，会增加数据的量和多样性，这同时提高了对计算能力的要求。

总之，被人工智能专家、日本人工智能学会伦理委员松尾丰称为 AI 领域五十年重大突破和一次飞跃的深度学习，就像一只雄鹰，要想高飞还需要两只强劲的翅膀。而在给深度学习装上这两只翅膀方面，两位华人发挥了很大的作用，他和她分别提供了 GPU（图形处理器）强大计算能力和 ImageNet 大数据集。

第二节　疯狂冒险家黄仁勋与 GPU

GPU 生产商英伟达公司的 CEO 黄仁勋（Jen-Hsun Huang),1963 年出生于中国台湾的台北市，1984 年毕业于俄勒冈大学电机工程专业，后来在斯坦福大学取得硕士学位。

中国著名AI专家、格灵深瞳公司创始人赵勇博士这样评价：有人说是深度学习成全了英伟达的GPGPU（通用GPU），其实我认为，反而是GPGPU成全了深度学习。赵勇博士坚持认为，如果没有英伟达的CUDA（计算统一设备架构）平台，科学界证实深度学习巨大潜力的时间不知道还要推迟多久。更难能可贵的是，通用GPU技术使得在PC级别的计算机上进行高密度的高性能运算的成本大幅降低，以至于一个普通科研人员的台式计算机都有可能部署上万个并行处理内核。这使得深度学习技术迅速在科技界发展和普及起来。可以这么说，如果没有GPGPU，坚持研究了多年的人工神经网络算法的辛顿及其教授们，恐怕还得继续在学术界被埋没不少年。

赵勇博士的说法可能太绝对，比较中立的说法是：深度学习和GPU互相成全，真正做到了双赢。深度学习借助GPU强大并行计算处理能力迅速展示了自己的工程可行性和广泛应用前景，GPU则因为深度学习打开了AI一个个应用新市场而同步得到大发展。

GPU，正是黄仁勋创办的英伟达（NVIDIA）公司首创的。

不少人感到很奇怪，硅谷的这家游戏显卡公司，怎么突然在深度学习中开始扮演重要角色呢？又怎么能发展为今天的企业巨星呢？这实际上也是硅谷华人黄仁勋的励志故事。

黄仁勋在1993年创办芯片设计公司英伟达之后，一直在英特尔等芯片龙头企业的夹缝中艰难发展。虽然，1999年英伟达推出了革命性的图形芯片GeForce256，并因此发明了GPU（图形处理器，也即图形处理单元）这个词，但主要用于游戏显卡的

GPU，被认为是PC产业附属的一个细分市场，前途并不广阔。

工程师出身的黄仁勋是一个极有雄心的工作狂，也是一个喜欢在实验室与科研人员研讨前沿进展、相信技术能改变一切的疯狂冒险家。所以，当英伟达首席科学家戴维·科克（David Kirk）提出要发展高性能的通用GPU时，他毫不犹豫且坚定地表示支持。他相信身为美国工程院院士的科克的超前判断，更何况这位科学家还领头开发出全世界最畅销的独立显卡，这款产品成为英伟达的拳头产品。

今天看来，用高性能通用GPU让个人拥有的价值仅几百美元的廉价超级计算机就能支持大规模并行计算，是一个伟大的想法。但在2007年前后，英伟达情况非常不妙，一系列内外部事件让公司处于水深火热之中，股价从最高37美元跌落到6美元。而且，科克设想的强大的GPU计算平台，在当时根本不清楚市场需求在哪里。

在这样的背景下，黄仁勋顶住内外部压力，坚定不移地支持科克的近乎疯狂的项目计划。2007年英伟达推出了基于自己创立的CUDA开源平台的通用GPU Beta版，之后公司的所有GPU都支持这样的架构。CUDA开源平台吸引了编程工程师们纷纷用英伟达的GPU进行开发，大大增强了GPU的开放性和通用性，初步形成了应用生态。

转机出现了，由于基于冯·诺依曼结构的传统CPU并不擅长于进行并行计算，而GPU从一开始在底层设计时就考虑支持单指令多数据流，所以GPU具有的大规模并行计算方面的强大能力远远高于CPU。到底高多少呢？在处理速度方面，2010年，NVIDIA 480 GPU芯片，已经达到每秒1.3万亿次浮点运算。到

2015 年的 Titan X，更达到 6.1 万亿。人类首次突破每秒万亿次浮点运算的超级计算机，到 1996 年底才出现，价格要数百万美元。而一块高性能 GPU 芯片，只要几百到一千多美元。当时不少专家对 GPU 和 CPU 作了比较，认为在执行特定任务时，前者速度是后者的 100 到 300 倍。

深度学习涉及的计算正好比较特定，主要进行高速度、大规模的矩阵运算。在这样的应用场景下，擅长并行计算、计算能力强大且价格低廉的 GPU，自然成为最好的选择。辛顿的实验室买了一大堆 GPU 设备，其他的人工神经网络实验室也如此。随着深度学习取得巨大成功，几乎作为标配的 GPU 同步得到极大发展。

2016 年，英伟达因为 AI 方面的远见成为芯片行业的最大赢家，股价暴涨 1 倍多。在 2017 年的 CES（国际消费类电子产品展览会）中，更传出英伟达可能很快超越英特尔的惊人消息。这些传言，背后是对 GPU 和深度学习专用芯片未来的畅想。这些大胆畅想，后来竟然被现实远远超越。随着 AI 狂潮在全球掀起，英伟达的 GPU 在全球越来越抢手，高端芯片甚至成为美国政府用来作为限制竞争对手发展 AI 的卡脖子武器。英伟达公司的股价不断攀升，公司市值在 2024 年 11 月上旬两次登上全球公司市值顶峰，达到惊人的 3.65 万亿美元，刷新了全球公司市值的历史纪录。而曾经的全球芯片霸主英特尔公司，这一年出现巨额亏损，传出被收购的消息。

2024 年，黄仁勋当选美国工程院院士。

“辛顿们”和深度学习成功了，黄仁勋和英伟达也成功了。

第三节　拼命三郎李飞飞缔造 ImageNet

创建 ImageNet 的斯坦福大学 AI 实验室前主任李飞飞（Fei Fei Lee），是与深度学习密不可分的另一位硅谷传奇华人。

李飞飞 1976 年出生于北京，在成都长大，父母都是知识分子。李飞飞曾在著名的成都七中学习。15 岁那年，随父母去了美国。刚到美国，家里的日子过得非常艰难，父亲给别人修照相机，母亲当收银员，而她一边上学一边去中国餐厅打工，全家为生计奔波。在这样的情况下，李飞飞考上普林斯顿大学物理系，获得全额奖学金。

她自称拼命三郎，上大学后依然打工，居然攒下钱为父母开了一家干洗店，周末回家还要在店里帮忙干活。

1999 年大学毕业后，她放弃华尔街 10 万美元年薪的工作，选择去西藏研究藏医一年。然后，获得全新人生感悟的她，去了加州理工学院电子工程系读 AI 专业博士。她进校时正是 AI 低潮期。母亲此时不幸中风还患上癌症，学习、科研与生活多副重担压在她身上。“如果重新来一次，我不认为自己还能挺过来”她事后对人这样说。

李飞飞有无比强大的内心，在包括众多旅美华人学者在内的许多人的支持下，她度过艰难期。然后，她创造了一项项学术奇迹。从加州理工学院到斯坦福大学，她发表超过 100 篇 AI 学术论文，33 岁获得了斯坦福大学终身教授职位，又成为该校著名的 AI 实验室主任。

真正使李飞飞名扬世界的是她 2006 年开始创建的 ImageNet。我们在第三章已经看到，正是借助这个图像大数据平台，深度学习才走向辉煌。

从2007年起，ImageNet下载了近10亿张图片。这是一个无比庞大的数据集，要对这些数据进行标注，工作非常浩繁。李飞飞巧妙地在亚马逊网站土耳其机器人（Mechanical Turk）平台，用互联网众包模式来标注这些图片。高峰期时，ImageNet是亚马逊土耳其机器人平台上最大雇主之一，来自167个国家的近5万人，用众包的方式协同工作，筛选、排序、标注了近10亿张图片。

李飞飞回忆说，现在回头去看，用大数据来训练计算机算法的做法的重要意义显而易见。但在2007年，这并不明显。在这段旅途中，她觉得自己很长一段时间都非常孤独，有同事建议她多做些对获得终身教职更有用的事。研究经费问题也一直困扰着李飞飞，她甚至认为可能需要重开干洗店来为ImageNet项目筹资。

2009年，ImageNet终于诞生了。这是有超过1 400万张经过标注的图片、含22 000类物品的数据库，仅仅是猫，就有超过62 000只长相、姿势各异的不同品种的家猫和野猫。无论在质量上还是数量上，这都是一个规模空前的图像数据库。

第四节　让深度学习升华

只有在互联网时代才能搜集如此多的数据；只有在互联网时代才能用众包方式完成这样的工作；也只有在互联网时代，深度学习这样的卓越创造才能因大数据而升华。

大数据的威力很快显示出来了，ImageNet大数据集开源，成为检验各种 AI 算法的最权威平台，也成为评价 AI 科研机构和科技公司 AI 实力的最好竞技场，自然成为全球科技界和媒体关注的焦点。

颇有意思的是，深度学习与 ImageNet 也互相成全，互为造星者。2012 年的 ImageNet 竞赛，让计算机学习 1 000 万张图片，然后用 15 万张图片进行测试，检验各种算法的识别准确率（实际上是错误率），在这样的大数据竞赛环境中，深度学习大放异彩，走上我们已经知晓的星光大道。而最不跟风追求时尚的李飞飞，同时成为世界闻名的硅谷科技明星。她被称为华人之光，是斯坦福大学的终身教授，是美国国家工程院、国家医学院、艺术与科学院三院院士。这位总能面对挑战的科学家，还在不断地创造自己的人生奇迹。

目睹大数据对深度学习成功的关键性作用，日本学者松尾丰这样感慨：如果互联网网页的出现能再提早 15 年，也许今天硅谷的王冠就会戴在日本的头上。他仍然在为日本的五代计算机而惋惜，认为如果当时有互联网带来的大数据这样的信息环境，五代计算机可能就成功了。这位日本著名 AI 专家的分析或许有偏颇，但也反映出大数据对于深度学习和 AI 整体发展不可或缺。

好风凭借力，送我上青云。深度学习借助 GPU 和大数据两只有力的翅膀，直上云霄。

5

|第五章| CHAPTER

机器在聆听——语音识别的历史性突破

人类拆掉语言樊篱的伟大 AI 工程，有三块重要基石。

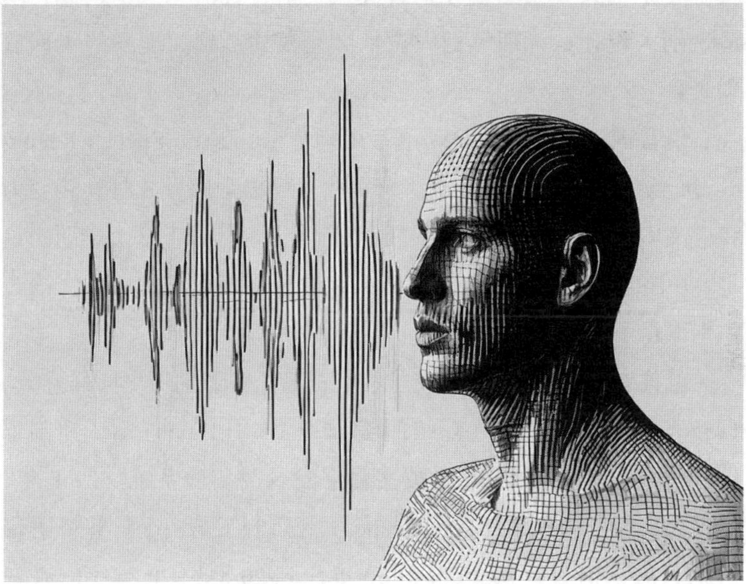

第一节　人类的美好梦想与历史探索

有这样一个传说，远古人类都讲一种语言，他们希望建造一座通往天堂的高塔，这就是通天塔，也叫巴别塔（Tower of Babel）。为了阻止人类的计划，神让人类说不同的语言，分成不同的民族，在语言上无法自由沟通，巴别塔计划由此告终。

传说反映了人类一直存在的美好梦想。重建巴别塔，也成了人类语言沟通和共识达成的象征和代名词。现在，AI 让人类的梦想一步步走向现实。

让人类拆掉语言的樊篱，实现无障碍沟通，这项伟大的 AI

工程有三块重要基石：语音识别、自然语言理解、语音合成。三块基石是三大类技术，分别解决人类语言交流中三个问题：听清楚别人说什么、理解别人说什么、根据听到和理解的去回答别人。

语音识别，也称为自动语音识别（Automatic Speech Recognition，ASR），是让机器自动识别和理解语音信号并将其转变为相应文本的技术，主要解决“听清楚别人说什么”这个难题。这是 AI 中的重要技术领域。近年来，由于深度学习的应用，语音识别取得了长足进步。

就像 AI 领域中其他分支学科一样，语音识别历史同样悠久。1952 年，贝尔实验室的 K · H · 戴维斯（K.H.Davis）等人研制了世界上第一个能识别 10 个英文数字发音的实验系统。1960 年，英国人彼得 · 迪恩斯（Peter Denes）等研制了第一个计算机语音识别系统。但是，从 20 世纪 50 年代到 20 世纪 70 年代，语音识别研究走了一段很大的弯路，那就是简单地想用计算机模拟人脑。局限于人类学习语言的方式，认为必须先让机器根据语言学规则理解自然语音，然后才谈得上识别。在当时计算机能力受限的情况下，这样的研究鲜有进展。

第二节　统计语言学打破沉寂

直到 1970 年后，统计语言学的出现才打破了语音识别的沉寂。领军人物是 IBM 沃森实验室的弗雷德里克 · 贾里尼克（Frederick Jelinek）。

贾里尼克是出生于捷克的犹太人。父亲死于纳粹集中营，他和母亲移民到美国。他是靠为东欧移民特设的全额奖学金进了麻省理工学院学习电机工程，在那里遇到了信息论的创立者香农、语言学家罗曼·雅各布森（Roman Jakobson），以及邻近的哈佛大学语言学家诺姆·乔姆斯基（Noam Chomsky）。这三位大师对贾里尼克后来用信息论解决语言问题产生了重要影响，让他在研究境界上比同龄人高出一筹。

1972 年，贾里尼克到 IBM 沃森实验室进行学术休假访问时，无意中进入了语音识别实验室并领导了相关工作，两年后他选择留在 IBM。

贾里尼克等提出了统计语音识别的理论框架。语音识别问题之前被认为应该用模式匹配来解决，而贾里尼克用统计思路来解决，简洁地用两个隐马尔可夫模型（Hidden Markov Model）——声学模型和语言模型，清楚地概括了语音识别。这个框架对语音和语言处理有着深远影响。

1999 年，国际声学、语音与信号处理国际会议（ICASSP）在凤凰城召开，早已当选美国工程院院士的贾里尼克在大会上做了一个报告，题目是“从水门事件到莫尼卡·莱温斯基”。这不是哗众取宠，而是两件事都和语音有联系，而且两件事的时间跨度和语音识别的研究同样大。

导致尼克松、克林顿下台的水门事件和莱温斯基事件，都涉及语音处理，从发生水门事件的 1972 年，到因莱温斯基事件弹劾克林顿的 1998 年，时间跨过 26 年。隐马尔可夫模型处理语音也是从 1972 年开始的，一直持续到贾里尼克作报告时还在进行，而且延续了下去。

第三节　剑桥语音的黄金十年

隐马尔可夫模型最初由 L・E・鲍姆（L.E.Baum）和其他一些学者发表在一系列的统计学论文中，随后在语音识别、自然语言处理以及生物信息等领域体现了很大的价值。这个模型源于 20 世纪初的苏联数学家马尔可夫，20 世纪 70 年代后美国的一些大学和研究所开始把这个模型用于语音识别，技术上集大成者是英国的剑桥大学。

对隐马尔可夫模型的研究，不但鼓舞了语音识别研究者们，甚至也带来了政府的关注。从 1971 年开始，美国的 DARPA（国防先进研究计划署）投入 1 500 万美元，组织麻省理工学院、加州大学伯克利分校、卡内基梅隆大学、斯坦福大学、斯坦福研究所（Stanford Research Institute，SRI）等著名高校研究机构，计划用三年时间建立计算机连续语音识别系统。这是当时规模最大的语音识别项目，美国把对语音信息的研究作为战略基础研究。

1984 年，NIST（美国国家标准及技术研究所）和 DARPA 做了一件类似于后来图像识别领域 ImageNet 的大事，它们决定出资开展对语音识别评测标准的研究，希望能科学评估各种语音识别系统的性能。这件事影响了语音识别的历史。

德州仪器公司（TI）、麻省理工学院（MIT）和 SRI 合作构建了第一个声学 - 音素连续语音语料库，并制定了数据采集标准，成为世界第一个语音评测平台。这个被称为 TIMIT 的数据库应用至今，语音识别研究者们有了评测算法的标准数据集。NIST 举办的语音识别评测全球竞赛由此开始。

语音识别所研究的数据类型历经了几次升级，由最早的孤立词语音发展到自然连续语音。然后，选取朗读《华尔街日报》（*Wall Street Journal*）的语音并录成标准数据库。这个数据集的词汇量为 5 000 到 20 000，“大词汇连续语音识别”就始于此。20 世纪 90 年代中期以后，广播新闻这样自发产生的连续语音、电话对话语音、丰富的语音文本、多语种语音等等也不断加入评测，NIST 大赛越来越具有挑战性。

NIST 大赛于 1988 年开始，1992 年扩大到美国之外，成为全球大赛，剑桥大学等非美国机构，在那一年加入。1993 年，系统升级，测试难度陡然增加，剑桥大学却夺取了冠军。一战成名后，剑桥语音成为全球语音识别界关注的焦点。

成功的秘密在于，从 1989 年起，剑桥大学工程系机器智能实验室研究组就在史蒂夫 · 杨（Steve Young）教授的主持下开发“隐马尔可夫模型工具包”(Hidden markov model Tool Kit，HTK)。HTK 软件包不是简单的语音识别系统，而是完整的研究平台。在这个平台上，研究者可以方便地试验各种新式算法，搭建不同的语音识别系统。这样，HTK 很快就成为语音识别研究领域事实上的标准。而拥有平台的剑桥语音研究人员，近水楼台先得月。

于是，剑桥大学语音识别研究在大赛中连续十年取得优异成绩，许多影响深远的语音识别技术陆续在剑桥大学产生，并成为后来主流经典算法，这些成就轰动了全世界，被称为剑桥语音的黄金十年。

第四节　铲平技术高门槛

语音识别也逐渐开始商业化。1995 年，IBM 开发出离散词汇听写软件，也就是语音识别软件 Via Voice 的前身。IBM 当时将语音识别的准确率从 70% 提升到 90%，同时将识别词库的规模从几百个单词上升到几万个，语音识别从实验室走向实际应用。1997 年，IBM 推出了世界上第一个中文连续语音识别产品——Via Voice 4.0。该软件成功突破连续语音、大词汇量、非特定人的难关，据称解决了汉语同音字多、有声调、口音复杂等问题，可以帮助人们从键盘输入中解脱出来。IBM 认为，这是汉字输入的重要里程碑。

中文版的 Via Voice 4.0 刚推出，我就满怀希望地试用了这个软件，但实际结果让我感到很失望，因为远没有达到解放双手的程度。这说明，当时实用的语音识别系统还在路上。当时，我并不知道，语音识别的大师们在几年前就已经纷纷离开了 IBM。

剑桥大学的 HTK 语音开发平台也开始商业化，由一家公司拥有，后来被微软收购。幸运的是，微软重新把 HTK 核心技术的使用权送还给剑桥大学，全球语音识别开发者仍然可以自由使用。可是，再优秀的技术也有时间局限性，直到进入 21 世纪的前十年，统治语音识别技术几十年的，仍然是混合高斯 - 隐马尔可夫模型（GMM-HMM）。在数据量受限的大环境下，研究者们花费大量的时间优化 GMM-HMM 模型结构的细节，可能只是为了一到两个百分点的性能提高。

语音识别专家、晴数智慧科技公司创始人张晴晴博士这样描述当时的情况："深度学习之前，做语音识别是门槛很高的事情。语音识别涉及的技术模块很多。信号处理、语音\语言建模、发音字典、解码、后处理等等，每个模块都足够一个博士研究好几年。这个领域的研究者，没有十年八年的技术深耕，很难做出有价值的成果。"

在这样的研究环境下，掌握核心算法的公司很容易形成技术垄断。美国语音巨头 Nuance 就是这方面的典型案例。Nuance 于 1992 年创立，2005 年在纳斯达克上市，这家技术型公司一直深耕统计方法的语音技术，拥有大量的核心算法和数千个专利。苹果 Siri 采用了它们的语音技术后，Nuance 公司迅速走红，语音识别方面的技术实力也浮出水面。这家名不见经传、闷声钻研技术的公司瞬间被各大媒体相继曝光。手机、家电、汽车等人机语音交互产品中，大量嵌入它们的语音识别系统，客户都是苹果、三星这样的知名厂商。

Nuance 擅长利用自己在语音处理方面的知识产权打击竞争对手，用诉讼手段削弱具有创新力的对手，低价并购或让其破产是 Nuance 的惯用手段。很长时间内，Nuance 拥有绝对话语权，整个语音行业的生态是——这棵大树下寸草不生。

但是，垄断终究不会永远，深度学习铲平了语音识别技术的高门槛。

第五节　深度学习带来历史性突破

学术界寻求理论突破，产业界希望打破垄断，在期待的氛围中，深刻影响语音识别的重要角色在 2006 年后出现了。这就是深度学习，或者说深度神经网络。

2006 年的一天，西雅图微软研究院的研究员、华人科学家邓力看到辛顿的一篇关于深度学习的论文《关于深度置信网络的一种快速学习算法》（A fast learning algorithm for deep belief nets），眼前一亮，感到自己绞尽脑汁没有突破的问题，辛顿轻而易举就解决了。

邓力在中国科技大学本科毕业后，到美国念了博士，当时在微软研究院领导一个小组研究语音识别。深度学习出现之前，他做了很多研究，包括计算人工神经网络、20世纪90年代中后期开始流行的贝叶斯统计模型等，但取得的成果始终不理想，现在深度学习让他看到了希望。

邓力很早就认识辛顿，20世纪90年代初，在加拿大滑铁卢大学当教授时，他为博士生论文答辩聘请的外校评审教授就是辛顿。

2009年，邓力邀请辛顿到西雅图微软研究院一起讨论，从此微软语音识别研究转入了深度学习方向。2012年，微软研究院的俞栋和邓力等人提出了上下文相关深度神经网络与隐马尔可夫模型融合的声学模型（CD-DNN-HMM），让语音识别系统性能得到了很大提升。两人合著的《解析深度学习——语音识别实践》也成了全球很多地方大学本科或研究生语音处理课程的经典教科书或参考书。邓力2016年成为微软首席人工智能科学家，2019年当选加拿大工程院院士，在推动深度学习用于语音识别领域，邓力被誉为里程碑式人物。

在深度学习用于语音识别方面，谷歌比微软稍晚了一点，但追赶得很快。出门问问公司的CTO雷欣回忆，2011年夏天，他在谷歌语音识别组担任研究科学家时，辛顿的博士生纳瓦迪普·杰特列（Navdeep Jaitly）来语音识别组实习，建议用深度神经网络来替代高斯混合模型做声学模型。在短短的夏季实习期，纳瓦迪普在实验中获得了显著超出谷歌原产系统的识别结果。之后，谷歌工程师们很快在几个月里将实验的研究工程化、产品化，2012 年初发布在谷歌 Voice Search 主产品中。这是业界首次将深度学习用于大词汇量语音识别产品中。2012 年下半年，雷欣负责将深度神经网络发布至 Android JellyBean 版本中，这也是业界首次将深度学习用于嵌入式语音识别产品。

微软语音识别研究取得惊人突破。2016 年 10 月 18 日，由微软首席语音科学家黄学东博士带领的语音团队在权威的产业标准 Switchboard 语音识别基准测试中，实现了对话语音识别词错率 5.9%，首次达到与专业速记员持平而优于绝大多数人的表现。这被认为是 AI 领域历史性的突破。黄学东博士自豪地表示：在对话语音识别中，我们有史以来第一次让计算机有了和人类同等的水平。

百度也不示弱，首席科学家吴恩达立即发推特祝贺微软在语音识别方向实现突破，同时话中有话地介绍一年前百度在中文语音识别上就达到的成绩。百度的 Deep Speech2 的短语识别功能的词错率已经降到了 3.7%，也达到或超过人类水平。微软也很快作出回应，认为短语识别与对话识别的应用场景不同，自己的研究难度要大很多，不可同日而语。双方暗藏机锋。

这样的交锋，说明巨头们都高度重视用深度学习解决语音识别问题，也说明深度学习让语音识别实现历史性突破，产业格局由此改写。美国一下子出现了几十家应用深度学习的语音识别技术公司，识别率不断提升并且趋于同一水平。同时，专利和算法作用越来越小，场景应用能力和客户数据资源在竞争中变得越来越重要。于是，曾挟核心技术在语音识别领域呼风唤雨的 Nuance，垄断地位迅速被瓦解，业绩不断下滑，江河日下，沦落到不时传出被收购消息的尴尬境地。

第六节　广阔的创新领域

在语音识别应用场景创新方面，亚马逊的Alexa语音交互平台是比较成功的早期应用案例。语音通过Echo交互式蓝牙音箱的内置接口进入Alexa平台进行语音交互。2014年Echo推出后，在两年多的时间内应用场景爆炸性增长，从同步语音数据、播放音乐发展到几十种家电的智能家居设备控制，再发展到语音购物、语音支付、语音叫外卖、语音打车等多场景应用，还可以和家人分享音乐库、电子商城购物车、工作计划表、日程等。语音购物品种有上百万种，而且可以语音切换账户、语音追踪商品物流情况。亚马逊利用自己的优势，让语音识别软硬件在互联网环境下融合，并进入物联网的广阔天地。亚马逊的Alexa人机语音交互玩得出神入化，以至于当时有人惊呼："这就像是试图成为语音方面的谷歌或者语音方面的Windows操作系统，亚马逊是要拿走整个市场。"

Echo用蓝牙音箱进行语音交互，涉及语音识别中的远场识别。与贴近话筒近距离说话不同，Echo的语音识别属于远场识别，远处声源发出的声波会因多次反射产生回声混响，这就好像由独唱变成了多人多声部合唱。同时，远场识别噪声增大。这些都大大提升了识别难度，语音处理自然复杂很多。

这些特殊应用场景，成为语音识别新的发展方向，也成为创业者的新机会。

张晴晴博士这样分析当时语音识别的创业环境："语音识别的门槛正快速降低。在大数据和云计算的推动下，深度神经网络开始体现出强大的数据记忆能力，因此大大降低了语音建模难度。深度学习在数学原理上并不复杂并拥有大量开源工具，这让初学者能够很快上手。语音行业从对核心算法的垄断，转向对数据的垄断和对应用场景的理解和把握。语音识别的战场从科研界转向企业界，这给新来者提供了难得的弯道超车机会。语音识别行业创业的春天已经到来。”

果然，基于新一代语音识别技术的智能语音交互系统如雨后春笋般出现，小度音箱、小米音箱等语音交互设备早已出现在广大家庭。

非常可喜的是，中文语音处理行业也迎来新机遇。一个很有趣的现象是，今天全球 AI 领域华人专家众多，在语音识别领域更为密集。为什么这么多华人科学家从事语音科学？一个原因是，长期以来语音识别领域的研究工作十分艰苦，华人勤奋好学、吃苦耐劳的精神，让他们坚守在这里。另外一个原因是，中文语音处理市场非常广阔。

2017 年入选微软院士、2023 年加入 Zoom 公司任 CTO 的黄学东博士说：从语音识别角度讲，中文识别更容易，中文只有约 400 个音节（不考虑声调因素）。微软分别评测过中英文，中文识别率要高一些。在所有语言里面，意大利语、西班牙语、汉语的语音识别率比法语、英语之类要高，其中法语最难。当然，语义理解对任何语言都很难。

语义理解是高难度的课题，也是中国人面临的机遇与挑战。

依托中文市场，伴随中文语音技术的迅猛发展，云知声、出门问问等企业应运而生，一大批中国 AI 企业崛起。更可喜的是，除了知名中国互联网科技公司在语音识别方面取得进展外，以语音为特色的 AI 公司，如科大讯飞、百度、腾讯等，也已经具备挑战国际巨头的能力。

在普及层面上，采用智能云识别的中文语音输入产品，大规模出现在语音交互系统中，如手机、汽车、电视机甚至包括冰箱、微波炉、洗衣机等传统家电的系统，成为各种应用设备人机交互的标配，让人们可用语音指挥机器完成各种操作。我们已经习惯对着手机、汽车及其他电器设备说话和表达思想，用声音召唤各种服务，这让我们的生活和工作越来越方便。

近年来，大模型的崛起让自然语言理解（NLP）技术快速发展，语音识别技术在情感分析、机器翻译等方面不断取得重要进展，AI能更准确地理解人类的意图和情感，让语音交互的应用场景更加丰富多彩。

重建巴别塔的第一块基石已经深深埋下，机器已经在聆听，它听得越来越清楚，甚至超越我们的耳朵。

6

|第六章| C H A P T E R

让霍金倾谈——语音合成创造奇迹

一系列 AI 技术，让霍金创造了不开口也能说话的奇迹。

第一节　机器制造“完美的保罗”

2018 年 3 月 14 日，英国物理学家霍金在剑桥逝世，享年 76 岁。他的去世，在全球掀起了怀念和评论的热潮，他的一生太传奇了。

读过《时间简史》《果壳中的宇宙》，听过黑洞、宇宙大爆炸等宇宙学故事的人，都会或多或少知道一些霍金的事情。他是物理学家、宇宙学家、思想家，许多重要学术头衔集中在他身上，各种荣誉雪片般飞向他。

他经常谈论 AI 前景与人类命运。面对这位伟大的科学家，他说的每句话，人们都会认真聆听。可是，每当听到霍金说话时，知道内情的人总会产生疑问，这是他的声音吗？因为霍金非常特殊，1985 年之后已不能开口说话。他的深邃思想，是如何变成语音，传到我们耳中的？是 AI 让他能用语言交流，甚至能在讲演中畅谈。

斯蒂芬·霍金（Stephen Hawking）1942 年出生于英国，他的传奇，还体现在他非凡的人生经历上。他 17 岁进入牛津大学，然后转到剑桥大学学习宇宙学。21 岁那年，得了很少见的运动神经疾病，从此，他在轮椅上度过了 50 多年。

他一生仿佛都在挑战死神与命运。21 岁时医生预测他的生命不会超过两年。两年后，他博士毕业。43 岁那年，他到日内瓦开会患上肺炎，垂危中医生询问他妻子，是否考虑放弃生命维持器。妻子断然拒绝，把他转回剑桥的医院，切开气管挽救了生命，但他从此再也不能说话了。

霍金被称为世界上最聪明的人之一，偏瘫在轮椅上，大脑依然在高速运转，思想仍在奔流，深刻的见解、奇妙的想法源源不断涌出。不能说话怎么传达他的思想？包括语音合成在内的一系列 AI 技术，让霍金创造了不开口也能说话的奇迹。

起初，霍金使用运行于 Apple Ⅱ计算机的语音合成器说话。他用手操作，以每分钟 15 个单词的速度与人交流。后来，计算机和语音合成器不断升级，英特尔公司一直为霍金提供技术支持。

但霍金控制手指运动的神经也在不断恶化。到 2008 年时，霍金的手就不能使用敲击器了。解决办法是在霍金的眼镜上安装“脸颊开关”，通过红外光来监测霍金的面颊肌肉的收放，让他通过一块肌肉来上网、写邮件、写书和说话。

霍金的交流能力仍然在不断下降，到2011年，他一分钟只能说出一两个单词。于是他写信向“摩尔定律”的发明者、英特尔公司的创始人之一戈登·摩尔求助。

2012年1月8日，在霍金70岁的“宇宙状态”生日聚会上，来了一群英特尔的人机交互专家。而此时的霍金虚弱得连自己的这次重要活动都无法出席。

AI和霍金本人共同创造的奇迹又出现了。软硬件升级后，程序会在霍金眼前的屏幕上显示一个键盘，同时配有单词预测算法，根据上下文的联系提供相应单词，供霍金选用。当光标逐行逐列自动扫过屏幕和键盘时，霍金可以用脸颊开关让光标停止在选中的单词上，用键盘完成操作。还可以控制窗口中的鼠标，操作其他软件。霍金又可以上网、写论文、说话了，甚至可以用Skype进行网络视频通话。

随着身体的变化，霍金的专用人机交互系统不断调整，试用过不少新技术。我们看到霍金出现在演讲中时，坐在轮椅上的他总是被一堆AI设备包围，没有AI就没有霍金的声音。霍金语音被称为“完美的保罗”，是他和机器共同制造的完美之声。正是AI的帮助，这位科学家的伟大思想才能永远流传。

霍金说话的故事，是语音合成历史的一部分。

第二节　语音合成的漫漫长路

语音合成又称文本语音转换（Text to Speech，TTS）技术，顾名思义，是把文本信息转换成语音信息。相对于语音识别（ASR），语音合成被认为是比较简单的技术。语音合成的历史似乎也是对这种认知的一种印证。人的语音，本质上是发音器官震动产生的声波。模仿人声，最古老的方法是使用乐器。到了19世纪，已经可以用机械方法产生语音了。

进入电子时代的1939年，贝尔实验室的H·杜德利（H. Dudley）制作出第一台电子合成器，这是用共振峰原理制作的语音合成器，而共振峰技术至今还在使用。1960年瑞典科学家G·范特（Gunnar Fant）的著作《语音产生的声学理论》，奠定了现代语音分析、合成的理论基础。《语音产生的声学理论》极大地推动了语音合成技术的进步。1980年，D·克拉特（D. Klatt）设计出串/并联混合型共振峰合成器，已经可以模拟不同的嗓音。20世纪80年代末，基音同步叠加时域波形修改（PSOLA）算法被提出，较好地解决了语音段的拼接问题。

20世纪90年代，随着计算和存储能力的大幅度提升，基于大语料库的单元挑选与波形拼接合成方法出现，通过这种方法可以合成高质量的自然人语音。

20世纪末，可训练的语音合成方法（Trainable TTS）被提出，这使语音合成系统的规模大大变小，已可以用于嵌入式设备中，且可满足多语种语音合成需求。

进入21世纪，语音合成飞速发展，在达到真人说话水平后，开始关注音色、情感等，使合成的声音更自然和有个性。

第三节　科大讯飞，一名在校生书写的传奇

到20世纪90年代，语音合成已经可以应用于商业。今天全球有名的两家语音公司正是在这时相继创立的。这就是分别在

1992 年和 1999 年创立的 Nuance 和科大讯飞。两家公司都脱胎于大学，前者是斯坦福大学，后者是中国科技大学。两家公司起步都是从语音合成开始的。

为什么当年研发、生产和销售实力雄厚的 IT 大厂商没有迅速进入语音合成市场？这令人感到奇怪。一种可能的解释是，语音识别更有挑战性和战略意义，是必须占领的竞争制高点。所以，大公司的精兵强将当时都在语音识别战场鏖战，但他们没有很快看到商业化战果。从语音合成出发的创业者却快速打开了语音市场。

技术实际上没有简单的。任何一项技术，如果深挖下去，都有无穷的开拓空间。各种技术之间很多也都有联系，从研究和商业的角度，都可以互相转换、融合。语音合成和语音识别的技术和市场本来就联系紧密。Nuance 和科大讯飞两家语音公司实际上都从语音合成起步，然后将产业延伸到语音处理的全产业链。

Nuance 的故事我们在前文已经简单讲过了。由于技术壁垒已经不复存在，而靠技术垄断的 Nuance 的情况很不妙，业绩不断下滑，最终在 2019 年被微软并购。后起的科大讯飞却渐入佳境，更值得关注。

科大讯飞这家中国最大的语音公司，也是国内第一家由在校学生创办并在后来上市的著名人工智能公司。写下这一传奇的学生名字叫刘庆峰。

刘庆峰在 1973 年出生，是安徽泾县人，他 17 岁考入中国科技大学。19 岁时因专业成绩突出，破格进入学校与国家智能计算机研究开发中心共同设立的“人机语音通信实验室”参与科研。22 岁就成为该实验室承担的 863 项目“ KD 系列汉语文语转换系统”主要负责人。他的“基于 LMA 模型的语音合成器”“基于数字串外推的韵律构建模型”“听感量化”等语音合成新方法，都是在学生期间研发完成的。他研制的中文语音合成系统，在国内外权威评比中关键指标均名列第一。也是在学生期间，他被称为“在中文语音合成技术研究上做出了国际领先成果。”

若一直沿着这条路走，刘庆峰可能成为顶尖的语音科学家。不过，念博士的第二年，他选择了另一条路。1999 年，他带领十几位同学在校创业，科大讯飞在那一年的 12 月份诞生。

他最初的志向是“让计算机像人一样开口说话”。科大讯飞把他和学校的语音合成科研成果迅速转化为产品，并不断发展。很快，在 MP3、电子书、GPS 导航器、玩具等消费电子产品中，都内置了科大讯飞的语音合成模块，华为、神州数码等系统提供商也采用了科大讯飞的语音组件。在各种中文语音合成应答服务场景中，机器的声音越来越美妙，越来越逼近真人，甚至还可以模仿使用者喜欢的名人。这都是科大讯飞语音合成系统在背后提供的支持。

科大讯飞在语音合成技术上深耕，不仅在中文语音合成方面做到了全球最好，在多语种合成方面也做到了全球领先。2006 年到 2019 年，科大讯飞参加了权威语音合成竞赛“暴风雪挑战赛（Blizzard Challenge）”。这项大赛有卡耐基梅隆大学、爱丁堡大学、IBM 研究院、微软亚洲研究院等世界一流机构参加，科大讯飞连续 14 年夺冠。2016 年的比赛是英语的故事级语音合成，要求声情并茂，难度很大。科大讯飞是全球唯一让英语语音合成超过普通人说话水平的机构。

科大讯飞在语音识别方面，也取得了多项突破。

2021 年 11 月，在国际低资源多语种语音识别竞赛 OpenASR 中，科大讯飞与中国科学技术大学联合团队参加了所有 15 个语种受限赛道和 7 个语种非受限赛道，并全部取得第一名的成绩。

2021 年，科大讯飞在最新一届国际说话人角色分离比赛（DIHARD-3）中摘得桂冠，这是中国团队首次在该赛事上取得冠军。

2023 年，科大讯飞与中国科学技术大学在国际多通道语音分离和识别大赛（CHiME）上实现四连冠。

科大讯飞中文语音识别保持领先的同时，在英语语音识别方面向国际同行发起冲击。科大讯飞在语音领域的能力，让世界瞩目。

第四节　语音交互大战打响

刘庆峰要“让计算机像人一样开口说话”的理想已经实现了，但是科大讯飞的脚步并没有停留在语音合成层面。2010 年 4 月，苹果收购语音识别技术提供商 Siri。科大讯飞果断进入移动语音识别领域并迅速取得成功。在 2010 年 10 月底，科大讯飞语音云发布，移动语音输入第一版面世，科大讯飞基于自己在语音技术方面的深厚积累，在中文语音识别领域实现突破。到第二年 10 月，iPhone 4S 发布时，已经有语音合成功能的 Siri 还不能支持中文语音，中国的苹果用户用上中文版 Siri 还要等到 2012 年 10 月。这时，科大讯飞的语音交互系统已经牢牢占领了中文市场。

科大讯飞对深度学习同样敏锐，2010 年就开始了对深度神经网络语音识别的研究，并且在 2011 年上线首个深度神经网络中文语音识别系统。深度学习全面用于科大讯飞的语音处理，与国外同行没有时差。

从语音合成出发的科大讯飞，已发展成为全球 AI 领先企业之一。刘庆峰在 2017 年两会期间建议，中国要尽快组建 AI 联盟。科大讯飞的目标高远，这家语音行业龙头企业的发展历程也是中国 AI 企业发展的缩影。

随着语音识别、自然语言理解和语音合成等技术的成熟，融合这些技术的语音交互应用也迅猛发展，近年来在智能市场出尽风头。科大讯飞在大模型时代利用自己的专业优势成为前列的 AI 科技公司。

尽管语音交互出现较早，但人们还是认为是苹果手机的 Siri 首次将语音交互成功地推向大规模应用。

在 2011 年 9 月 20 日 iPhone 4S 的发布会上，苹果的一位高管向 iPhone 发问："你是谁？"。手机里的 Siri 立刻回答："我是你忠实的助手。"被媒体津津乐道渲染的 Siri 与人的这一次经典问答，正好描述出 Siri 这类语音交互系统最重要的特征，它是人的语音助手。所以，它常被形象地称为语音助理，也叫智能助理。

2010 年 4 月，苹果以 2 亿美元收购了 Siri 时，Siri 公司的开发团队只有 24 人。但苹果看好这一方向，收购后甚至在相当长的时间内把 Siri 技术封闭在苹果公司内，不开放与第三方的合作，作为自己的竞争利器。

作为语音助理，Siri 有很多功能：陪你聊天，和你开玩笑，查询各种信息——还能通过屏幕朗读功能读出这些信息，用语音拨打电话、收发邮件，在备忘录里安排时间并按时提醒你，查找歌曲或者在听歌的时候告诉你是什么歌等。Siri 的功能一直在不断发展。

作为全球最大的搜索公司，谷歌当然不甘落后。在推出不太成功的语音助理 Google Now 和经历了 Now 团队全部出走事件之后，谷歌公司借助自己强大的 AI 能力，在 2016 年 10 月隆重发布新一代语音助理平台 Google Assistant，支持谷歌旗下的智能软硬件，如聊天应用 Allo、家居应用设备 Google Home、可穿戴设备 Android Wear、智能手机 Pixel、Android 汽车、Android 电视等。谷歌立志在 Android 操作系统的生态圈里全面推广语音交互服务。

Google Assistant 最先只能支持英文和德文，2017 年春天才开始支持三星、华为等少数手机厂商。但通过对比应用和实际测试了苹果 Siri 与 Google Assistant 后，个人和机构的初步评价是，前者长于聊天和娱乐，而后者长于为实际的工作和生活提供帮助。

苹果、谷歌分别依托智能手机和搜索优势取得了成功；亚马逊 Alexa 则在自己的电子商务领地，迅速用智能音箱 Echo 打进语音交互市场，大玩多场景应用；微软借助在操作系统领域多年的霸主地位，推出跨平台的语音交互系统。在语音交互这一兵家必争之地，科技巨头们的大战一直没有停息。

中国的科技公司也不示弱。2015 年 5 月，京东商城和科大讯飞合作推出叮咚（DingDong）智能音箱系统，虽然在听音乐、语音购物、语音控制家电、查天气等场景应用方面还在追赶亚马逊，但在科大讯飞中文语音技术和 AIUI 语音智能交互平台的支持下，却有方言识别等独特的创新。2017 年 7 月，小米公司也推出了自己的小米语音交互音箱。小米在自己的所有智能硬件设备上都留有语音接口，连插线板也不例外，语音交互布局早已悄悄开始。

百度则依托自己的硅谷AI实验室（SVAIL）研发出基于深度学习的语音识别系统Deep Speech和语音实时合成系统DeepVoice。DeepVoice在同样硬件环境下，比谷歌2016年9月发布的原始音频波形深度生成模型WaveNet要快上400倍，而这个WaveNet在发布时，却被称为语音合成的革命性突破。

百度大气宣布，语音平台永远免费，还开放了大量语音专利，和海尔、京东、中兴、普天等20多家企业组建了智能语音知识产权产业联盟。百度在语音交互战场志在必得。

中国语音交互市场，八仙过海，热闹非凡。这说明中国科技企业在自然语言处理领域已经有了深厚积累。果然，当2022年底OpenAI的ChatGPT推出后，中国公司纷纷快速推出自己的大语言模型（LLM）产品，基于大语言模型的新一代语音技术得到了迅速发展。现在的语音交互系统都是建立在大语言模型的基础上。大语言模型的故事我们会在后面叙述。

语言是人类最重要的交互工具，语音是语言的美丽外壳。AI催生出的这一场人机语音交互巨变，可让聋人听音，使哑巴说话，万物语音互联的神奇世界，正在到来。

这样的交互方式的变化影响深远。在印刷术发明之前，人类社会的交流主要是通过语言，那个时代可称为会话时代。有了印刷术，文本在交流与知识传播中起了重要作用，这一时代也可称为文本时代。广播电视以及互联网、AI的发展，让人类社会的交流与知识传播形式由文本变成多媒体，让人们进入文本、语音、图像、视频融合交互的多模态智能交互时代。

7

|第七章| CHAPTER

重建巴别塔——机器翻译拆除语言樊篱

机器翻译已经悄悄成熟，它的表现令人意外而惊艳。

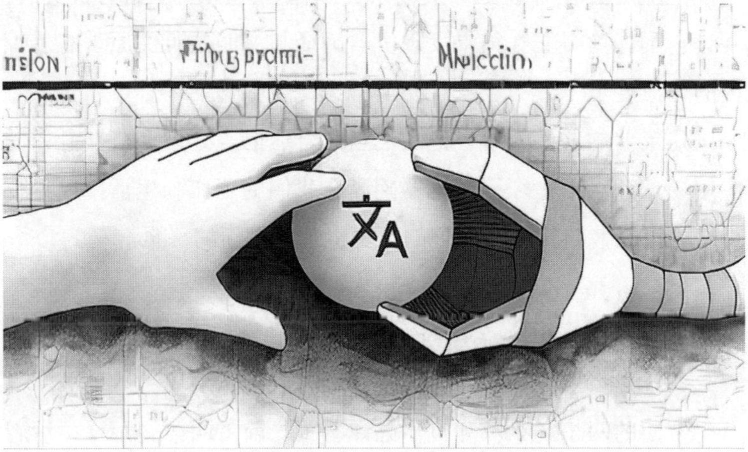

第一节　机器翻译崭露头角

2017 年 3 月的全国两会上，李克强总理来到安徽代表团。科大讯飞董事长刘庆峰拿过桌子上一部手机模样的小设备，说出总理以前对科大讯飞的勉励——“让世界聆听我们的声音”，机器马上翻译成流利的英文。他又说“这个哈密瓜很甜”，机器立刻又翻译成流利的维吾尔语。这部叫晓译多语种翻译机的小机器，是科大讯飞的产品。

2016 年 11 月的一天，东京大学教授、人机交互专家历本纯一（Jun Rekimoto）在社交网络上发现一条消息，谷歌翻译有了巨大提升。他亲自访问了谷歌翻译的页面并开始体验，他被震惊了。

他抽取了两位日本翻译家翻译的《了不起的盖茨比》中的几句话，与谷歌翻译出的结果相比，他认为，谷歌的翻译在日语上非常流畅，比翻译家的作品更加易懂。

他随后又在谷歌翻译上输入美国作家海明威作品的日文版，并让它翻译为英文，结果发现机器翻译与海明威英文原著有着惊人的相似度。

几年前的这些故事，记录下当时自然语言处理和机器翻译的应用场景和水平。今天，机器翻译在我们的工作和生活中已经变得随处可见，自然语言处理的历史也翻开了新的一页。

第二节 冷战催生的机器翻译

上面的两个场景都和机器翻译有关，前者叫语音翻译，后者叫文本翻译，而这两种翻译，核心问题都在于自然语言理解。

机器翻译（Machine Translation，MT）又称自动翻译，是用计算机将一种自然语言（源语言）转换为另一种自然语言（目标语言）的过程。机器翻译是AI中的明星技术。因为它是实现不同民族、不同语言人群无障碍交流的最有力助手。它圆满解决了自然语言处理和机器翻译的难题，重建巴别塔的梦想实现了。

正像计算机是被战争催生出的一样，机器翻译这个想法的出现，也与军事有关。1946年，第一台计算机ENIAC诞生后不久，洛克菲勒基金会的美国科学家瓦伦·威弗（Warren Weaver）等人在思考计算机未来应用时，想到了第二次世界大战期间，图灵用机器破译密码取得的巨大成功。他们认为，语言翻译与破译密码相似，都是把一种符号转换成另一种符号，同样可以用机器来完成。沿着这样的思路，1949年，威弗发表《翻译备忘录》，正式提出机器翻译的思想。

机器翻译的想法提出后立即受到重视，美苏两国当时正值冷战期间，对俄文情报资料进行翻译的需求量很大。1954 年，美国乔治城大学和 IBM 共建的实验室搞出第一个机器翻译演示系统。这个现在看起来比玩具好不了多少的系统，可把俄语翻成英文。系统容纳 250 个单词，遵循 6 条语法规则，只可以翻译 49 个仔细挑选的句子。但是，这仍然是了不起的成就，已经足以点燃人们的热情。记者当时这样兴奋地报道："今天，电子大脑首次将俄语译成英语。"美国国防机构和计算机科学家乐观期望，机器翻译会在 5 年之内实现。

当时，机器翻译也吸引了苏联、日本和欧洲一些国家的研究兴趣。一时间，各国政府纷纷拨款，全球机器翻译热潮兴起。

好景不长，机器翻译研究进展缓慢，开始受到广泛质疑。1964 年，为了对机器翻译的研究进展作出评价，美国科学院成立了语言自动处理咨询委员会（Automatic Language Processing Advisory Committee，ALPAC），进行为期两年的调研和测试。1966 年 11 月，该委员会公布了题为"语言与机器"的阿尔帕克（ALPAC）报告，全面否定了机器翻译的可行性，认为 10 年研究未能完成预期目标，并在近期或可以预见的未来，也没有开发出实用的机器翻译系统的希望，建议停止经费支持。报告给了正在蓬勃发展的机器翻译当头一棒，它很快转入低潮。

第三节　语言的规则太复杂

为什么机器翻译研究进展缓慢？这是因为自然语言理解当时很难取得实质性突破。自然语言理解（Natural Language

Understanding，NLU），是解决语音信息和文本信息理解问题的重要 AI 学科。通俗地说，是要解决“听得懂”和“看得懂”的问题。语音翻译和文本翻译虽然也有各自关注的技术难点，但共同面对的核心难题都是自然语言理解。这是一个很高，甚至是终极的目标，所以许多研究者喜欢用另外一个词，即自然语言处理（Natural Language Processing，NLP）来描述这一学科，强调这是过程而不是目的。

人类社会在漫漫长路中形成的语言，是一个非常复杂的系统。最初的研究者对问题的复杂性缺乏深入了解。从方法上，他们希望迅速找到语言规则，就像找到密码的编码规则就很容易破译密码一样，如果找到语言规则，就能够理解自然语言，机器翻译的难题就解决了。

但是，语言的规则实在太复杂了。就以文法规则来说吧，有人计算过，如果仅覆盖 20% 的真实语句，文法规则至少需要数万条。而如果要覆盖 50% 的真实语句，以后每增加一个新句子，就要新增数条文法规则。由于语言是发展和流动的，真实句子实际上变化无穷，文法规则难以穷尽。

再从计算复杂度考虑，图灵奖得主高德纳（Donald Ervin Knuth）从理论上指出了文法与计算复杂度的关系。如果上下文无关，计算复杂度是语句长度（即有多少单词）的二次方；而如果上下文有关，计算复杂度是语句长度的六次方。单单分析一个有二三十个单词的句子的文法，就是用今天的高性能计算机，也要计算几分钟。

所以，要完全从规则上理解上下文有关联性的一篇文章或者一段长语音的文法，复杂度会使计算耗时难以想象。在 20 世纪

70年代，即使拥有大型计算机的IBM，也做不到用文法规则的方法来分析一些真实语句。

当然，上述分析是在非限制性的语言应用环境中得出的结论。在实际应用中，语言的应用都是限制性的，比如不同文化、不同学科、不同情景下应用语言都有各自的特征。在限制性语言应用环境中，问题要简化很多。于是，基于语言规则的机器翻译仍然在努力前行，也取得了一定的成果。而另一种方法，即基于统计的机器翻译开始崭露头角。

第四节　统计翻译成为主角

我们在第五章讲述语音识别历史时提到，20世纪70年代IBM沃森实验室的贾里尼克提出了统计语音识别的理论框架，他简洁地用两个隐马尔可夫模型——声学模型和语言模型清楚概括了语音识别。这个框架对语音识别和语言处理都有着深远影响。从此，自然语言处理开始走上统计方法之路。

对基于语言规则的机器翻译系统来说，需要大量特定语言的语言学家编撰相应语言的大型词典，制定大量的语法、句法、语义学有关的规则。词典和语法规则库构成翻译知识库，机器根据这些词典和规则进行翻译。这与人查词典和语法书理解语言并进行翻译十分类似。其中，语法规则很繁复，对于由数十万词汇构成的词库，翻译系统包含的语法规则可能高达数万条。

而统计翻译则避开语言的规则。统计语言学开创人贾里尼克有一句名言：我每开除一个语言学家，语音识别的正确率就提高1%。这句极端的话，说明他对语言规则的无视。

统计翻译用大量的双语文本，建立两种语言的平行语料库。翻译时对单词通过语料库进行匹配（后来又发展到对词组、短语乃至整个句子进行匹配），然后根据匹配概率来评判和选择翻译结果。

统计翻译的另外一种方法是建立双语对照的实例库，这是一个更庞大的语料库。翻译时根据实例进行匹配。

统计翻译避开繁杂的语法规则，显而易见更为简单，而且是威弗提出“翻译备忘录”时的原始想法。但是，统计翻译需要大规模的语料库，这在当时并不容易做到。所以，自然语言处理从基于规则转向基于统计，并没有那么简单，而是经历了很长的过程。基于规则的自然语言处理，后来在采用新技术以后，仍然在发挥作用。不过，随着互联网的普及和大规模语料库逐步建成，统计翻译最终成为主角。

第五节　见证历史的活样板

机器翻译行业最早的开发者和软件提供商 Systran，就是见证这一历史过程的活样板。Systran 是老一代基于规则的机器翻译技术的商业化代表，于 1968 由彼得 · 托马（Peter Toma）创办。托马是一位科学家，当时在美国乔治城大学机器翻译项目组工作，之后他以大学机器翻译研发小组为班底，创办 Systran 机器翻译公司。在 ALPAC 报告后，政府资助经费锐减，Systran 公司却生存下来，是少数几个活下来的机器翻译公司之一。1986 年，Systran 卖给法国一个家族，后来在法国上市。2014 年，又卖给一家韩国公司。

这家几十人的小公司，一直靠自己的技术从20世纪60年代走到今天，慢慢发展到支持多语种互译，产品大量内嵌在雅虎、谷歌、美国在线等公司的翻译系统中。Systran公司年销售额只有1 000多万美元，但在100亿美元的机器翻译市场中，却一度占了内嵌翻译引擎很大的份额。“我们公司如此之小，可我们又是最大的。”Systran公司董事长无比自豪地说。

关键的一战终于在2005年打响。已经成为互联网搜索巨头的谷歌公司虽然采用了Systran的规则翻译技术，但一直想充分利用自己的大语料库。从2002年起，谷歌挖来统计语言处理天才弗朗兹·奥克（Franz Och），组建机器翻译团队。2005年夏天，由奥克设计且尚处于实验阶段的Google翻译系统，在NIST（美国国家标准与技术研究院）组织的机器翻译竞赛中大获全胜。竞赛提供100篇新闻文稿，要求将阿拉伯语或汉语译成英语。谷歌公司的系统在所有类别上全胜，击败包括IBM在内的全部对手。

奥克赛后披露，他们为自己的系统提供了相当于100万部图书的文本语料进行学习，这是提高翻译质量的关键。他还把公司当时采用的Systran中英翻译系统，与由他主导的基于统计的实验系统作了对比，认为后者明显优于前者。

这场竞赛被看成统计机器翻译系统正式登台的标志。

2007年10月，谷歌公司终止与Systran的合作，开始采用自己的统计机器翻译系统。2010年，Systran只好转向，采用规则和统计混合机器翻译系统，后来又引入深度神经网络技术。Systran的变化，说明基于统计的深度神经网络自然语言处理和翻译系统已经成为主流。但同时，统计翻译也开始重视语法、句法和语义的一些细节，用来完善机器翻译系统。

第六节　科技巨头的竞技场

机器翻译高歌猛进，不断向各个应用纵深发展。机器翻译的水平成为衡量巨头科技公司 AI 水平的一个标志。

谷歌翻译是最有名的机器翻译产品，于 2006 年上线，已经能支持 103 种语言，每天处理 1 800 万次翻译，共 1 400 亿个单词，一直是业界的标杆。2016 年 9 月 28 日，谷歌发布新的神经机器翻译系统 GNMT，同时发布了 PC 版和移动版。这套系统克服了传统方法将句子分割为不同片段进行翻译的缺点，而是充分利用上下文信息，对句子进行整体的编码和解码，从而产生更为流畅的译文。据说，在新技术使用后，翻译错误可减少 60% 及以上。谷歌新的翻译系统在支持困难的中英文翻译上，有了很大的提升。

谷歌大脑的研究团队甚至表示，虽然它还会犯一些人类译员不会犯的重大错误，比如漏掉一些词语、脱离语境孤立地翻译句子等，但使用新技术后的，翻译质量已经接近普通人类译员水平。

与前面那位日本专家对谷歌新系统英日翻译能力进行的测试相仿，2017 年 1 月，在美国总统特朗普就职时，中国国内的 AI 新媒体“新智元”对谷歌的新翻译系统作了中英文翻译测试。输入特朗普就职演说的英文，一分钟后，谷歌翻译全文翻译成中文。新智元的评测结论是：通篇来看，谷歌翻译在正确性上已经让人印象非常深刻。基本上达到 70% 到 80% 的正确率。如果不是准确性要求非常严格的文本，在可用性上基本可以满足。而到了 2025 年 1 月特朗普发表就职演讲时，各种互联网平台上都有准确度很高的实时翻译系统，这件事已经没有新闻性了。

微软一直有规模可观的自然语言处理团队，与谷歌不同，团队最初聚焦于基于规则的翻译，但现在已经采用深度神经网络统计翻译。微软的机器翻译系统支持微软产品线上的很多产品，如 Bing（必应）、Skype 等。2014 年 12 月，微软的 Skype 翻译器推出了预览版，当时只支持英文和西班牙文在通话中翻译，但已经引起轰动。2015 年 4 月，已经能支持中文普通话。尽管 Skype 的通话翻译还在发展之中，目前翻译的准确率也有待继续提高，但已经让人期待不同语言的人可以无障碍自由通话的美好前景。2016 年 12 月，微软发布了世界上第一个万能翻译器。除了支持语音识别、拍照识别、直接输入等翻译功能外，它甚至可以实现多达 100 人交谈的实时翻译，是一个翻译神器。

中国在机器翻译上的表现同样非常出色。中国的互联网和 AI 公司，一直在研发机器翻译技术和产品。进入大模型时代，机器翻译成为很多大模型的标配功能，机器翻译今天在中国的应用已经非常普遍，翻译质量也不断提高。

科大讯飞在语音合成、语音识别和语义理解方面一直走在世界前列，2014 年和 2015 年两次在国际汉英翻译大赛 IWSLT 中获得全球第一，2015 年口语机器翻译系统获 NIST 国际评测冠军。在 2016 国际知识图谱构建大赛（KBP）上，科大讯飞首次参赛就包揽了赛事核心任务的冠亚军，充分展示了科大讯飞在自然语言理解、知识推理等领域国际顶尖的技术实力。科大讯飞的多语种实时翻译技术处于全球先进行列，同样有自己的互译神器——晓译多语种翻译机。AI 实力雄厚的科大讯飞，能够面对任何竞争。

和谷歌一样靠搜索起家、拥有大规模语料库的百度，在机器翻译上当然不甘落后。2011 年 7 月，百度翻译上线，到目前已经支持 28 个语种，可同时在 PC 和移动端应用。2015 年 5 月，百度翻译正式上线神经网络机器翻译（NMT）系统，百度成为全球第一个实用 NMT 的公司，比谷歌还要早一年多。同年，百度翻译获得了国家科技进步奖二等奖，成为首个获此殊荣的中国互联网企业。

百度翻译也有自己的特色，独创实物翻译、涂抹翻译、文言文翻译等功能，能随时随地、便捷地满足中文用户的翻译需求，是中国人工作、生活、旅游、学习的好帮手。

2016 年 11 月，百度 CEO 李彦宏在乌镇召开的第三届世界互联网大会演讲时乐观预言：未来的若干年，我们很容易想到，语言的障碍会完全被打破，现在做同声翻译的这些人，可能将来就没有工作了。

无独有偶，奇点论鼓吹者、美国未来学家雷·库兹韦尔（Ray Kurzweil）在接受《赫芬顿邮报》采访时也预言：到 2029 年，机器翻译的质量将达到人工翻译的水准。

第七节　自然语言处理阔步前进

库兹韦尔的预言，很可能变成现实。因为，自然语言处理和机器翻译近年来有了重大进展，且仍在继续阔步前进。

谷歌公司 2017 年推出的“转换器”（Transformer）算法架

构，使深度学习向前发展了一大步。2018 年 10 月，谷歌的双向编码转换器 BERT（Bidirectional Encoder Representations from Transformers）推出，这标志着自然语言处理（NLP）进入新时代。BERT 通过大规模无监督预训练，在多个 NLP 任务上取得了显著的效果提升。自此之后，预训练大语言模型（LLM）成为 NLP 研究的核心。

BERT 的成功推动了更多预训练模型的出现，后来一鸣惊人的 ChatGPT 就是其中之一。预训练大语言模型能从大规模文本数据中学习丰富的语言表示，可以被用于各种任务，如文本分类、词语表示的实体识别、情感分析等，还具有良好的泛化能力，能够在不同领域和语言之间迁移。这些模型在规模、架构和训练方法上不断创新，提升了模型的性能。如 2023 年之后的 GPT-4 等不仅在对话能力上接近人类水平，还能表现出很强的推理能力和一定的情感智慧。

结构化的知识组织技术——知识图谱也在新一代 NLP 系统中得到了广泛应用，知识图谱将现实世界中知识相关的实体、属性和关系以图的形式组织和表示，应用在 NLP 时提升了对话、问答等任务处理的性能。

跨语言 NLP 系统也在近年得到快速发展，BERT 等算法模型能在不同语言之间实现良好的泛化效果，在完成跨语言工作任务上表现出色。跨语言 NLP 应用在机器翻译中也取得神奇的效果。之前的机器翻译系统处理多种语言时要依赖大量的平行语料库，而现在的机器翻译能在没有平行语料库的情况下实现翻译。无监督预训练机器翻译能从单一语料库中学习到跨语言翻译能力，实现翻译。

最让人振奋的是NLP走向了多模态融合。在今天各种大模型中，文本、语音、图像、视频实现了融合处理，进入多模态的大语言模型，不断创造了今天生成式AI的一个个奇迹。

总之，随着深度学习、大语言模型技术的发展，自然语言处理和机器翻译已经取得了辉煌的成就，重建巴别塔，让全世界不同民族说不同语言的人实现无障碍交流的日子，离我们越来越近了。

8

|第八章| CHAPTER

第二双眼睛——计算机视觉大放异彩

计算机视觉技术的应用，远远不止在体育运动中。

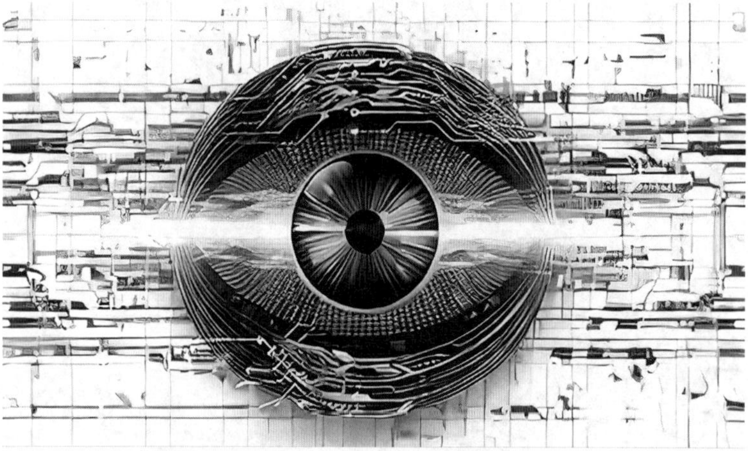

第一节　运动场上的新裁判

2024 年 11 月 14 日晚，世界杯亚洲区预选赛 18 强赛 C 组迎来最刺激的一场比赛，3 分钟内场上发生了戏剧性反转。巴林队在第 87 分钟打入一球，主裁判查看 VAR（Video Assistant Referee，视频助理裁判）系统后，判定进球无效。中国男足第 90 分钟由前锋张玉宁破门，客场 1∶0 绝杀巴林队，艰难地获得胜利。

巴林队的越位只有半个肩膀，但这也足够扭转胜负了。现在足球场上的计算机视觉技术，对毫米级的越位也能准确判断。

从 2022 年卡塔尔世界杯开始，绿茵场上引入了黑科技——半自动越位识别技术（Semi-automated offside technology，SAOT）。SAOT 系统一启用就大显神威，揭幕战上，厄瓜多尔队开场 3 分钟的一粒精彩进球被判定越位无效，这是 SAOT 的首秀。而与沙特队的比赛中，阿根廷队 3 个进球全部被 SAOT 判越位无效，梅西等足球大神对 SAOT 能看出的“毫米级越位”想必印象深刻。

卡塔尔世界杯的智能 VAR 系统，是对 2018 年俄罗斯世界杯 VAR 系统的大幅度智能改进。国际足联官网介绍，SAOT 系统通过球场顶部 12 台特制摄像机和视频动作捕捉技术，定位 29 个和判罚相关的肢体部位并形成数据点，以每秒 50 次的频率发送数据，实时追踪足球和球员的位置，自动画出虚拟越位线。一旦检测到越位，SAOT 系统将自动向视频操作室内的视频助理裁判发出警报，在通知现场裁判之前，视频助理裁判可通过调整系统自动设定的开球点和越位线，先行验证警报的准确性。在得到场上裁判的确认后，系统还可将球员越位情况的 3D 动画在体育场巨型屏幕上播放，同时提供给直播合作伙伴，展现给全球观众。

前 FIFA 国际级裁判皮埃路易吉・科利纳（Pierluigi Collina）表示，VAR 系统可以将误差控制在厘米级，但 SAOT 系统可以控制在毫米级。

不仅是越位，智能裁判对球赛中每一个细节都能明察秋毫。马拉多纳那类“上帝之手”难以再现，遗憾将不再重演。

除足球比赛，计算机视觉这位 AI 辅助裁判在其他体育比赛中的应用也越来越广泛。网球比赛中的“鹰眼”系统，应用比 SAOT 更早。而在跳水、蹦床、艺术体操、花样滑冰等裁判评分主观性较强的体育项目中，AI 辅助裁判也已有研究和应用的趋势。2022 年，北京冬奥会中引入花样滑冰 AI 辅助评分系统，由中国花样滑冰协会与中关村数智人工智能产业联盟共同研发，运用计算机视觉识别技术与深度学习算法，对运动员整体运动轨迹进行实时追踪，实现稳定、可视化的比赛辅助评分。

计算机视觉技术的应用远远不止在体育运动中，而是广泛进入我们的生活和工作，人脸识别、自动驾驶、安全监控、机器人、医疗健康、银行保险、电子商务等领域，都大量应用该AI技术，甚至可以说计算机视觉无处不在。

第二节　计算机视觉前史

我们熟悉的人脸识别，是计算机图像识别的重要应用，而图像识别，又是计算机视觉领域中的重要技术。

计算机视觉（Computer Vision，CV）是AI中的一门交叉学科，也称为机器视觉（Machine Vision，MV），同一含义的两个术语，往往应用于不同的场景中。在一般的图像、视频采集、识别、分析、处理中，常常称为计算机视觉；而在机器人和工业等特殊应用场景下，一般称为机器视觉。长期以来，计算机视觉主要解决让机器“看”的问题。人类认识世界，有耳朵和眼睛这两个重要的感觉器官。计算机语音技术让人耳聪，计算机视觉技术使人眼明。计算机视觉研究如何用摄像机等视觉传感装置代替人眼对物体进行识别、跟踪和测量，并由计算机处理这些视觉信息，从而达到像人眼一样对事物进行感知和认知。简单说来，计算机视觉是“看”的科学，计算机视觉可以看成人类的第二双眼睛。

但正像语音技术除了识别还有合成一样，计算机视觉技术近年来的发展趋势是不但要解决图像、视频的识别问题，还要解决合成或生成问题。

人类获取的外界信息，80% 来自视觉，我们得到的所有信息中，视觉信息最丰富且复杂。经过长久进化的生理构造，使我们很容易能够看清楚并理解身边的场景，但是要让计算机处理这些视觉信息却非常困难。所以，与 AI 中一些学科相比，计算机视觉是起步比较晚的。

20 世纪 50 年代，计算机开始用来进行一些二维图像的分析和识别，如光学字符、显微图片、航空图片等，这类工作被划入模式识别范畴。而模式识别本身也很年轻，到 20 世纪 60 年代才成为独立学科。至今，计算机视觉和模式识别仍然是联系得很紧密的学科。

也是在 20 世纪 60 年代，MIT 的拉里 · 罗伯茨（Larry Roberts）才开始用计算机程序分析三角体、立方体等简单物体，虽然只是研究辨识度很高的简单白色积木玩具，但却使计算机视觉进入了三维空间，有人把计算机视觉的这一时期称为积木时代。

第三节　学科奠基人戴维 · 马尔

到了 20 世纪 70 年代中期，MIT 大名鼎鼎的 AI 实验室第一次开设了“机器视觉”这门课程，由颇有名气的伯特霍尔德 · 霍恩（Berthold Horn）教授授课。确定使用“机器视觉”这个名字，是因为计算机视觉发展一直受到机器人学科推动，机器视觉始终是机器人的关键技术之一。

当时，MIT 的 AI 实验室主任是明斯基，由于他的声望，吸引了国际上许多知名学者参与计算机视觉的研究工作，马尔就是其中一位，他在这里建立了计算视觉的理论框架。

1972 年，戴维·马尔（David Marr）在剑桥大学脑科学专业博士毕业，1973 年受明斯基邀请来 MIT 的 AI 实验室做访问学者（博士后）。1980 年在这里成为正教授，不久因白血病不幸去世，年仅 35 岁。他的生命，在这短暂时间内完成升华——他奠定了今天红遍全球的计算机视觉学科基础。

1977 年，马尔第一次系统描述了计算视觉（Computational Vision）这个领域，其中包含了计算机视觉（Computer Vision）和计算神经学（Computational Neuroscience）两个分支学科，他的工作对认知科学（Cognitive Science）也产生了深远影响。

马尔思想的精华都汇聚进一本书里。得知来日无多，他争分夺秒整理，想完成这部著作。但令人遗憾的是，他仍然没能亲眼看见自己的开创性著作出版。这本名为“视觉：从计算的视角研究人的视觉信息表达与处理”（*Vision：A Computational Investigation into the Human Representation and Processing of Visual Information*）的图书，在他去世后两年，1982 年由他的学生和同事修订出版。

尽管生前未能目睹，马尔却因这一名著而不朽。他对计算机视觉的贡献，全球著名计算机视觉专家、北京通用人工智能研究院院长朱松纯教授这样评价：基本上，他定义了这个学科的格局。

马尔对计算机视觉的贡献是开创性的。他提出了解决视觉问题的 3 个层次——计算（表达）、算法、实现；理清了视觉到底要计算（表达）什么，并给出了包括纹理、立体视觉、运动分析、表面形状、光照、深度等一系列表达。他还把计算机视觉处理描述为 3 个阶段：第一阶段，为输入原始图像抽取出角点、边缘、纹理、线条、边界等基本特征，特征的集合称为基元图；第二阶段，根据输入图像和基元图恢复场景可见部分的深度、轮廓等，这还不是真正的物体三维表示，称为二维半图；第三阶段，根据输入图像、基元图、二维半图，恢复和识别三维物体。

这一理论大大推进了计算机视觉的发展，为纪念他的贡献，从 1987 年第一届国际计算机视觉大会（ICCV）开始，以马尔的名字来命名最佳论文奖，这是计算机视觉学科唯一奖项和最高荣誉。

马尔主导了计算机视觉多年，直到现在，还有学者不断研究马尔的著作，常常会有新的感悟。他的书 2010 年再版，在亚马逊仍然是畅销书。

第四节　走上快车道

理论框架的建立为计算机视觉奠定了坚实的基础，而一系列信息环境和社会环境的变化，把计算机视觉推入发展的快车道。

进入 20 世纪 80 年代，光电传感器等硬件取得了很大的突破。1969 年由贝尔实验室发明的 CCD（电荷耦合器件）传感器，使 20 世纪 80 年代传感器的分辨率得到很大提高，高质量的 CCD 光电传感器应用于摄像机等设备。20 世纪 90 年代，CMOS（互补金属氧化物半导体）光电传感器开始登场。

CMOS 采用大规模集成电路工艺生产，不但体积小、成本低，还能与电路中的其他元器件融合，制成 CMOS 单芯片光电传感器微系统。这使得高质量、价廉的 CMOS 传感器得以大量应用于手机、照相机、摄像机、摄像头等。曾经价格昂贵的图像和视频信息采集手段，达到人人拥有、无处不在的空前普及程度。

DSP（数字信号处理）芯片的出现，大大提升了图像处理质量和速度。同一时期，互联网热潮兴起。随着互联网的普及，尤其是图片和视频网站的发展，人类社会的图像信息以惊人的速度得到积累，达到图像爆炸的程度。这造成了两方面的影响：一是计算机视觉技术必须有所突破，不然无法满足需求；二是图像大数据的积累为计算机视觉发展打下深厚基础。

在应用方面，20 世纪 90 年代之后，计算机视觉技术已经开始广泛应用于工业制造中监控、机器人、安全防护等领域。

2001 年，有两个轰动性的事件促进了计算机视觉的发展。在当年的国际计算机视觉大会（ICCV）上，保罗·维奥拉（Paul Viola）和迈克尔·琼斯（Michael Jones）发表了实时图像识别论文，并把摄像头对准大家，图像中现场所有人的脸都被圈出来。这引起震撼，使大家感到图像识别第一次有了实际应用成果。

另一个爆炸性事件则是 9·11 事件。9·11 事件后美国政府为了反恐，要求在各种场合普遍使用摄像头视频监控系统。计算机视觉技术从而得到大量的经费支持。

21 世纪的第二个十年，期待已久的突破出现了，即极大影响计算机视觉的明星 AI 技术终于登场，这就是我们今天已经非常熟悉的深度学习。在 2012 年的 ImageNet 竞赛上，辛顿和他的学生采用深度学习技术，获得了颠覆性的胜利，改变了学术界和企业界。从那以后，深度学习几乎深刻影响了 AI 的所有领域。计算机视觉，是受到深度学习影响最大的学科之一。

2012 年，谷歌公司的一篇论文在全球引起轰动，他们的谷歌大脑通过自己观看视频，认出了一只猫。

谷歌大脑由华人科学家吴恩达领头创建。2010 年，时任斯坦福大学副教授的吴恩达加入谷歌开发团队 X 实验室（XLab）。2011 年，吴恩达建立了谷歌大脑项目，项目为分布式计算的大规模人工神经网络。吴恩达团队用了 16 000 个 CPU 芯片，构建了有 10 亿突触的人工大脑，尽管与人类大脑突触数目还差几个数量级，但这已经是当时很庞大的深度神经网络系统。

项目开创后不久，吴恩达离开谷歌公司去了百度，并在那里创建了百度大脑。

谷歌大脑可以完成很多工作，图像识别就是其中之一。能不能在没有人帮助的情况下自主识别？谷歌研究小组开始了最初的尝试，让计算机自己去发现猫。从小在越南乡村长大，父母是普通农民的黎越国（Quoc Viet Le）主持研究工作。他们在视频网站 YouTube 上找到数百万帧静态视频图片，这些图片都没有经过任何标注。然后，他们让谷歌大脑自己去看这些视频图片。谷歌大脑从众多图片得来的信息中分离出了一个稳定的模型。最后，这个模型毫不犹豫地识别出猫的脸。就像小孩辨认出猫一样，这让谷歌大脑的成员非常喜悦——那是一只猫！这是计算机视觉的重要进步。

与每个人工作生活密切相关的人脸识别，是计算机视觉的重要应用。2021 年央视 3 · 15 晚会从保护消费者利益出发，曝光了滥用人脸识别的乱象。而 2017 年央视的 3 · 15 晚会同样选择了人脸识别主题，那次是“打假”，表演如何欺骗、攻击人脸识别系统。

攻击人脸识别的技术并不新鲜，2016 年 CVPR㊀前夕，一篇由德国埃尔朗根 – 纽伦堡大学、马克斯 · 普朗克计算机科学研究所、斯坦福大学 3 家学术机构 5 名科学家发表的论文《实时人脸捕捉和再扮演——Face2Face》就曾经引起科技圈的关注。这篇引起热议的论文给出的结论是：实时复制面部表情可能，在特殊条件下，攻击人脸识别系统也可能。

人脸识别属于人体生物特征识别，与其他生物特征如指纹、虹膜等一样，人脸与生俱来。但是，与指纹、虹膜识别相比，人脸会随着年龄增长而变化，人脸识别难度要高很多，必须应用众多的 AI 技术。所以，人脸识别是图像识别技术成熟的标志，甚至被认为是弱人工智能向强人工智能发展的标志之一。

但是，由于今天图像、视频生成技术发展迅猛，人脸识别系统也面临风险。现在对安全要求极高的应用中，人脸识别系统开始变得更复杂，同时采用多重手段进行交叉验证，确保万无一失。

第五节　巨变发生了

计算机视觉技术随着深度学习的发展继续高歌猛进。2017 年谷歌发布的 Transformer 算法架构在自然语言处理领域大获成功，这项革命性技术迅速应用到其他领域。我们在第一章已经看到，诺贝尔化学奖得主江珀当年正是对 AlphaFold 重构，把原来的算法模型架构从卷积神经网络（CNN）改为 Transformer，

㊀ CVPR 全称为计算机视觉和模式识别大会（Computer Vision and Pattern Recognition），是一年一度的视觉领域的重要学术会议。

性能才有了飞跃式的提升。同样地，谷歌也很快把占主导地位多年的计算机视觉算法模型架构从CNN换成Transformer，于2020年推出ViT。新算法模型架构命名很直接，ViT即Vision Transformer（视觉转换器），这是革命性的计算机视觉算法模型，给计算机视觉带来巨变。

ViT有很多创新，但最重要的思路是将输入的图像切割成小块，每个小块嵌入固定维度的向量中，作为Transformer的输入序列。这样原本复杂度高、计算量大的图像处理问题，可以简化为像自然语言处理那样的序列输入，大大提高了处理效率。这样的序列输入也为多模态大模型的发展打下基础。

ViT可更好地识别和理解图像中的物体，如人脸、动物、植物等，还可以更好地识别和理解图像中的场景，如城市街道、森林、海滩等，从而实现更多的应用。

大模型应用带来的计算机视觉技术的巨变，还反映在图像和视频的生成技术得到快速发展上。2024年2月，OpenAI推出Sora视频生成模型，它能够通过简单几个提示词，生成长达1分钟的多角色、多场景视频，细节丰富、动作流畅、画面精美，堪比电影。Sora一登场就引起轰动，其他科技巨头和创新公司也不断推出图像视频生成模型。用语音和文本生成图像和视频，已经越来越普遍。

正是由于新一代计算机视觉技术具有的挑战性和广阔市场前景，吸引了全球科学家和工程技术人员的研究兴趣。与计算机语音一样，计算机视觉也是华人科学家云集的AI研究领域。在他们的努力下，中国与此相关的学术研究和产业发展成就引人瞩目。

字节跳动、腾讯、科大讯飞、百度、阿里、智谱等中国 AI 领头公司正在紧追微软、谷歌、Meta 等国外同行，产生过商汤、依图、格灵深瞳、旷视、云从等新兴创业公司的中国计算机视觉领域，创新队伍正在迅速扩大。有国外留学背景并在全球顶尖 AI 机构工作过的创业者和中国本土培养的人才一起，成为计算机视觉行业和其他 AI 领域创业公司的主力，使中国公司的国际竞争力不断增强。

第六节　计算机视觉未来

随着多模态大语言模型（如 GPT-4 等）和视频生成模型（如 Sora 等）的发展，计算机视觉技术迅速进步，世界模型这个通用人工智能（AGI）核心工具的作用备受关注，带有科幻色彩的世界模型正一步步走进现实。

2024 年 12 月 2 日，硅谷的 World Labs 公司发布了自己的最新研究成果——用一张图片生成 3D 场景，并演示了这一成果。这立刻在全世界引起轰动，因为这家公司和这一成果都有足够的新闻性。

World Labs 公司由斯坦福大学教授李飞飞于 2024 年 4 月创立，这是她的首次创业，但由于她在 AI 领域的巨大影响，立刻引起了投资界的关注。不过 10 来人的公司，很快得到大笔投资，估值攀升到 10 亿美金，这是因为她的创业方向也很有想象力——空间智能，这是一个新概念。空间智能的理念是：视觉化为洞察，看见成为理解，理解导致行动。在李飞飞看来，这是“解决人工智能难题的关键拼图”。

World Labs 公司发布新成果的同时，李飞飞本人也第一时间分享了这项成果并表示：用语言很难描述与通过一张照片或一句话生成的 3D 场景进行互动的体验，希望大家喜欢。

的确，很难用语言来描述这一成果的奇妙性，因为从 2D（二维空间，即平面）到 3D（三维空间，即立体），是计算机视觉技术的一个难题，也是 AI 的一个难题。我们眼前的世界是 3D 的，人的眼睛感知的世界也是 3D 的。所以我们能较好地感知和理解世界，比如我们一眼就可以看出房间里物品的空间位置，知道桌子离我们大概多远，床离我们大概多远。甚至，我们还能够预测世界。比如房间里有一只猫在走动，我们根据它走动的方向和速度，很容易预测它几秒后在哪里。但长期以来，机器却很难感知和理解物理世界的这种 3D 场景，因为感知和处理物理空间的深度信息，是一道难题。李飞飞创办的公司，就是要努力解决这道难题。

具有戏剧性的是，World Labs 公司发布新成果仅两天之后，也就是 2024 年 12 月 4 日，谷歌 DeepMind 的第二代基础世界模型 Genie 2 诞生了。

空间计算与世界模型的目标一致，都希望通过 AI 技术理解、生成和模拟 3D 环境，生成具有交互性和真实感的虚拟世界。两者都在尝试解决 AI 在 3D 环境生成和交互方面的挑战。所以，尽管目前还有技术实现路径和应用场景等方面的差异，但由于两者的目标一致，故可以看成在干同一件事情，殊途同归。

世界模型概念的提出并不早。2018 年，谷歌研究院的大卫 · 哈（David Ha）和瑞士人工智能实验室（Swiss AI Lab）负责人尤尔根 · 施米德胡伯（Jürgen Schmidhuber）等发表论文，首次将世界模型的概念系统性地引入 AI 领域。施米德胡伯曾经在本书第二章出现，他被称为“生成式人工智能之父”。大卫·哈后来离开谷歌创业，但谷歌却一直在致力于发展世界模型，这个模型因为有很强的生成能力，所以也被称为生成世界模型。世界模型很快引起关注，其他 AI 公司纷纷在这个方向上发力，让它成为 AI 领域的竞争制高点。

世界模型两大主要功能是理解世界现状和预测世界未来动态。目前许多这类模型都展现出捕捉世界知识的能力，并能遵循物理定律和几何规则，感知、理解、预测现实世界及推动执行行动的能力也在不断增强。这样具有智能视觉的世界模型有非常广阔的应用领域，如自动驾驶和机器人，就需要不断实时感知、理解、预测现实世界，以决定如何驾驶和行动。用更大的视野看，随着世界模型的发展，人类群体的社会行为也会被精确感知、理解、预测，社会管理的模式也会发生深刻变化。

世界模型正在推动视觉交互的发展。智能视觉技术与 VR、AR 等结合，可以实现真实世界和虚拟世界的交互。语音可以使万物交互、万物互联，视觉同样可以做到。

憧憬计算机视觉未来，随着 AI 技术突飞猛进地发展，计算机视觉作为人类的第二双眼睛，正在被擦亮，而且将会比人类的眼睛看得更清楚。

9

|第九章| CHAPTER

数据魔方——数据科学崛起

当平凡的数据显露出价值，围绕数据的争夺就在所难免了。

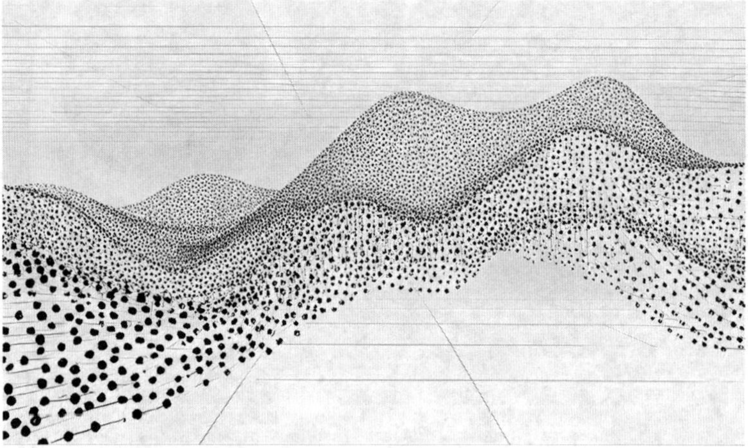

第一节　华尔街数据争夺战

2017 年 3 月，在全球金融中心华尔街，一场没有硝烟的大战打响。交战双方争夺的是一件没有任何重量却价值无穷的虚拟物品——数据。参战的一方是华尔街金融巨头们的联合体，包括摩根大通、花旗、高盛和电子交易商 Virtu Financial、KCG Holdings Inc 等，而另一方是同样赫赫有名的纽约证券交易所（简称纽交所）。

之所以会发生这场被称为“华尔街数据大争夺”的宫斗戏，是因为金融巨头要顽强阻击纽交所进一步控制交易市场数据。争议围绕一项名为“纽约证券交易所主用户协议”的新合约展开，争议的焦点是“谁拥有券商在买卖股票时提交给交易所的数据”。新合约规定纽交所拥有数据，而券商和大型交易公司则大声喊冤，坚持认为数据由他们产生，理所当然属于他们。

纽交所与金融巨头们围绕数据所有权已经缠斗很久。券商抱怨说，像纽交所这样的交易所，直到 2006 年还是一个非营利性组织，现在变成了营利性公司后，在增加数据费用上变得十分激进。纽交所的交易数据由金融公司等交易者的交易活动产生，但纽交所汇集这些数据后，以高价出售，而买家往往正是这些产生交易活动数据的金融公司。

近年来，这些数据已成为纽交所收入的增长来源。纽交所拥有者洲际交易所公司（ICE）2016 年 44% 的净收入竟然来自市场数据销售和相关费用，而 2011 年这方面的收入仅占 9%。所以，华尔街的金融公司们群情激愤，认为纽交所过度收费了。电子交易商 Virtu 的首席执行官厉声斥责说：“一个政府挂牌的机构可以这样肆无忌惮地拿走你的知识财产，再以任意虚高的价格卖给你。”美国证券业金融市场协会也尖锐指出，证券交易所正在“滥用其垄断市场数据的地位”。而享受着数据带来巨大利益的纽交所，断然否定一切指控。

华尔街的这场数据争夺战可能永远不会平息。争论的背后，是金融数据的关键作用与价值。不仅是在金融领域，随着 AI 应用的深入，数据争夺战可能大量发生在一切领域。中国的华为和腾讯，也围绕手机用户使用微信时产生的数据而发生过争执。这进一步说明，数据在人类社会正扮演着不可或缺的重要角色。

第二节　AI 眼中的历史与未来

历史研究，一直是历史学家的专属花园。现在，AI 科学家闯了进来。英国布里斯托大学科学家内罗·克里斯蒂亚尼尼

（Nello Cristianini）与历史学家合作，用AI的数据挖掘技术，从旧报纸堆中发现了可能比历史书更准确的英国现代史。

没有一位历史学家能够阅读跨越一个多世纪的关于英国历史的数千万份报纸，而AI可以。它积累了1800年至1950年间的3 500万份英国地区新闻报道数据（占该时期英国地区报刊总量的14%），分析了286亿个词汇。不妨对比一下：成年人平均阅读速度大约为每分钟300字，按这样的速度，一个人如果一刻也不休息地连续阅读，需要180年来完成上述阅读；而AI用了大约8周。然后，它给出了自己独到的分析，让人们重新认识了19世纪到20世纪上半叶150年的英国历史，发现了历史学家用传统方法不能找到的历史事件。

例如，技术兴起这样的不太明显的历史进程，历史学家往往难以确定，AI则可以肯定。电力什么时候超越了蒸汽？1898年。因为在这一年，电在新闻中出现的频率开始超过蒸汽，电取代了蒸汽。又如，历史书中都记载火车时代开始于19世纪40年代，那时英国开始发展国家铁路系统。但AI从新闻报道数据中准确地进一步分析出，火车实际上要在半个多世纪后才变得比马车更重要。还有，“经济”什么时候成为日常用语？AI发现，在20世纪之前，“政治经济”一直是比“经济”更为常用的术语。直到1900年左右，这两个词的用法变得模糊。20世纪头十年，这两个术语使用频率相似。之后，“经济”开始成为更受欢迎的用语，使用频率开始稳步上升，远远把“政治经济”抛到后面。

这是AI眼中的英国历史，数据分析穿透历史迷雾，在纷乱复杂的历史事件和记录中理清头绪，发现了历史学家难以发现的历史现象。

数据科学不但能穿透历史看到过去，也能高屋建瓴，远望未来。2009 年 H1N1 甲型流感暴发前的几周，谷歌通过对人们网上搜索记录的分析，作出了比疾控中心更及时的疫情预测，准确性与官方数据相差无几。这也是数据分析预测的结果。

关于数据的故事还有很多。由著名演员布拉德·皮特（Brad Pitt）主演的好莱坞影片《点球成金》，可以说是一段亦真亦幻的数据传奇。在美国职业棒球联盟比赛中，经费捉襟见肘的奥克兰运动家队败给了财大气粗的纽约扬基队，赛季前途渺茫。总经理比特在焦头烂额时，偶然认识了耶鲁大学的经济学硕士彼得。彼得用数据分析的方法挖掘出毛病多、评价过低，但上垒率奇高的潜在明星，低价打造出一支棒球强队，在新赛季取得二十连胜的辉煌战绩……电影根据纪实小说改编，虽然有虚构的成分，但在现实中，深度的数据分析不仅已成为棒球运动中的标配，而且在英超足球联赛等其他体育项目中也早已广泛使用，成为球队获得好成绩的支撑技术之一。

这些故事，还只是数据相关案例的九牛一毛。今天，数据技术广泛应用于大至政治、军事、经济、教育、科研、医疗、金融，小至企业市场销售、个人健康管理等一切领域，数据是人类社会的资源、财富与要素，也是 AI 发展的基础。

第三节　数据，人类社会的财富与要素

数据是重要资源，而且与传统的自然资源（如水、石油、矿产等）不同，数据资源具有可再生性、共享性和高附加值的特点，价值日益凸显。

虽然数据如此重要，也一直得到广泛应用，但数据成为公众关注的热点还是在 2011 年——在这一年，大数据（Big Data）热潮掀起。2011 年 5 月，权威咨询公司麦肯锡全球研究院发表了一份重要报告《大数据：创新、竞争力和生产力的下一个新领域》。这是专业机构第一次全面介绍和展望大数据。报告指出，大数据已经渗透到当今每一个行业和业务领域，成为重要的生产因素。

紧接着，在 2012 年 1 月的达沃斯论坛上，大数据成了主题之一。会上发布的报告《大数据，大影响》（Big Data，Big Impact）宣称，数据已经成为一种新的经济资产，就像货币或黄金一样。

2012 年 3 月，美国奥巴马政府发布了《大数据研究和发展倡议》，这标志着大数据已经具有重要的时代特征。奥巴马政府还将数据定义为“未来的新石油”，甚至把对数据的占有和控制提升到国家数字主权的高度。

中国也高度重视大数据。在 2014 年 3 月，大数据首次被写入《政府工作报告》。之后，大数据成为上至国家领导人下至广大群众口中的热词，全面渗透进社会经济和生活。

2015 年 9 月，国务院印发《促进大数据发展行动纲要》。2022 年 12 月，《中共中央　国务院关于构建数据基础制度更好发挥数据要素作用的意见》（简称“数据二十条”）文件发布。2023 年 10 月，国家数据局成立。国家层面的一系列重要政策和举措，体现了我国对数据的高度重视。

由于数据的资源属性，它已成为人类的财富与资产。继土地、劳动力、资本、技术之后，数据被认为是社会生产的第五大要素，数据在推动生产力发展方面有重要作用、巨大潜力与实际效果。所以，各国都在推动数据资源的充分利用和管理，我国也是如此。我国政府一直在积极推动数据产权交易市场的建设和发展，就是这样的举措之一。

2015 年 4 月，在我国西部率先成立了全国第一家以大数据命名的数据交易流通机构——贵州大数据交易所。为什么第一个数据交易所不是在经济比较发达的东部沿海地区设立，而是在西南山区的贵州省破土而出？这是因为贵州省大数据产业发展迅猛，对经济发展有较强的拉动作用，顺势而为建立数据交易流通机构，有敢为人先的试点示范效应。

之后，我国的国家和地方的数据交易平台，如北京国际大数据交易所、上海数据交易所、浙江大数据交易中心、广州数据交易所、深圳数据交易所、长江大数据交易中心等，纷纷建立。到 2024 年 3 月，我国已经有 48 家数据交易流通平台。它们通过提供数据定价、数据交易、数据交易保险、数据安全、数据管理制度设计、数据标准规范编制等一系列服务，为数据交易双方构建了一个安全、高效、便捷的交易环境。数据交易平台在推动数据要素流通、推动数据资源开发利用和价值释放转化、促进数字经济发展方面发挥了重要作用。同时，这些平台一直在加强与国际数据交易市场的合作与交流，推动中国数据交易市场的国际化发展。

第四节　造就神奇的数据科学

什么是数据？数据为什么有如此魔力？

数据看起来平淡无奇，文本、声音、图像、视频、代码……

自然界和人类社会的一切信息都可以看成数据。数据虽然无处不在，普通平凡，但是在 AI 时代，它已成为虚拟世界的基础和中心。曾经的经典说法是，真实世界（物质世界）的基础是原子，虚拟世界（数字世界）的基础是比特（bit，位）。而今天，可以更精确地说，虚拟世界的基础是数据，bit 和 byte（字节）不过是数据的计量单位。虚拟世界是数字世界，更是数据世界。

数据其实一直都存在，造就神奇的是数据科学，有了数据科学，数据就变得不平凡了。

数据科学（Data Science）是一门年轻但发展非常迅猛的学科。数据、数据库、数据分析、数据处理这些概念很早就出现了，但直到 1996 年，在国际分类协会联盟（IFCS）在日本神户举行的双年会上，数据科学这个术语才首次出现在会议文件的标题中。这一年，被看作数据科学诞生之年。之后，在统计学等领域里从事数据工作的人开始被改称为数据科学家，数据科学开始快速发展。

简单地说，数据科学是研究从数据中获取知识的科学理论和方法，目标是从数据中提取出有价值的信息。数据科学是一门融合统计学、机器学习、高性能计算、数据挖掘、数据仓库、数据可视化等多领域中理论和技术的新兴学科。数据库大师、1998 年图灵奖得主吉姆·格雷（Jim Gray）把数据比喻为科学的“第四范式”，与经验、理论、计算相提并论，断言未来任何领域的科学问题都将由数据驱动解决。格雷于 2007 年意外因海难逝世，但他对数据和数据科学重要性的预言，在今天正在变为现实。数据科学迎来了快速发展的机遇。

大数据技术的兴起使得数据的获取、存储、处理和分析变得更加高效和便捷。同时，人工智能、机器学习等技术的快速发展也为数据科学提供了强大的工具支持。

数据科学核心在于对数据的挖掘、处理、分析和解释，目标是从海量数据中提取有价值的信息和知识。AI 侧重于模拟人类智能过程，实现自主学习、推理判断和问题解决等功能。随着 AI 的发展，二者之间的联系非常紧密，而且越来越紧密。数据是 AI 的“燃料”，没有大量高质量的数据作为输入，AI 算法系统就无法进行有效学习和训练。数据科学为 AI 提供了基石和动力，也渐渐融入了 AI 科学。

在 AI 领域，数据像一支魔杖，指向之处就会出现神奇；数据又像一只魔方，在 AI 科学家手里被玩出绚烂多彩的万千花样。

第五节　来自大数据的挑战

数据热潮的掀起和各国高度重视大数据发展，有一个深刻的背景，那就是人类社会的数据积累量已经达到非常惊人的程度，大规模和深度的数据应用已经成为必需和可能。

随着互联网、移动互联网、物联网的发展，天罗地网般遍布世界每个角落的信息设备，如计算机、手机、传感器、照相机、摄像头、麦克风、射频识别（RFID）读取器、汽车电子设备等，每时每刻都在产生数据，可以说数据几乎是无穷无尽的。在 2012 年，全球每天已经可以产生 2.5EB 数据。

EB 是多少？这先要先温习和扩展一下数据计量单位的知识。我们熟悉的 M、G 甚至 T，已远远不能描述数据的爆炸性增长，更大的计量单位开始使用。常用数据计量单位是 B（字节）。数据的量从小到大依次增加大约 1 000 倍[㊀]：1B、KB（10^3）、MB（10^6）、GB（10^9）、TB（10^{12}）、PB（10^{15}）、EB（10^{18}）、ZB（10^{21}）、YB（10^{24}）。YB 之后还有 DB、NB、CB。这些天文数字般的计量单位，人类很快也将遭遇。

2.5EB 的数据，意味着需要 250 万块 1TB 硬盘来存储，那还是 2012 年中某一天的数据。2016 年全球数据总量为 10ZB。能想象 10ZB 数据有多大吗？要 100 亿块 1TB 硬盘来存储！

这还没完，我国网民数量居世界之首，每天产生的数据量也名列前茅。淘宝网站每天有数千万笔交易，单日产生的数据量超过 50TB，存储量为 40PB；百度公司目前每天大约要处理 60 亿次搜索请求，产生数十 PB 的数据。而一个高清摄像头 1 小时能产生 3.6GB 数据，一个城市若有几十万个摄像头，每月产生的数据会达几十 PB……现在，全球数据仍然在以每年 40%、2 年翻 1 倍的速度增长。已经有预测，到 2025 年，全球数据将超过 160 ZB。到 2024 年全球生成的数据已达 159.2ZB，中国占 24.2%。随着生成式人工智能应用的迅速普及，数据产生量还会大幅度加速，几年之后，就会迈进 YB 时代了。

"浩如烟海"只是大数据的特征之一，所有特征要用 4V 来描述——Volume（大量）、Velocity（高速）、Variety（多样）、Value（价值）。大数据是人类社会无尽的财富，但它对数据科学提出无穷的挑战。

从各种数据采集器汹涌而来的数据，首先要经过预处理，将非结构化数据转换为机器能处理的结构化数据，为数据建模作

㊀ 实际为 1 024 倍，即 2^{10} 倍。但是为了让读者更容易理解，这里采用十进制表示方式。

最重要的准备。所谓数据的结构化，就是为数据标注出特征属性。比如对于语音，需要将声音波形转换为说话内容、说话人性别、说话人年龄、说话人情绪、周围噪声环境等属性信息；对于图像，需要转换为人脸五官位置、人物年龄、人物情绪等属性信息；对于文本，需要对文字做自然语言理解处理，标注出名词、主语、分词等属性信息。对数据进行结构化预处理，标注出信息属性的工作，称为数据标注，这是数据处理中的一项重要的基础性工作。

数据标注是一项繁重的工作，以前主要靠人工进行，现在开始用机器辅助人工进行。像国外的“亚马逊土耳其机器人”，便是能够帮助人工进行数据结构化处理的高效众包平台。

大数据技术中有一个重要的思路，就是不进行数据抽样，而是进行全数据处理。这就对数据结构化工作提出了更高的要求，自动化数据预处理将是打开数据处理效率瓶颈的钥匙，它能使数据质量的提升和数据处理的速度最终跟上 AI 发展的步伐。而一旦数据标注效率的瓶颈打开，手握优质结构化数据的数据科学家，就会用各种各样精巧的模型和算法进行数据挖掘和分析，创造出奇迹。

数据是无尽的财富，也带来无数的新问题，数据科学正勇敢面对大数据的挑战。大力培养数据人才，是迎接挑战的重要任务。

由于数据科学任重道远，故数据人才长期紧俏，熟悉业务又了解大数据应用的管理者，需求缺口更大。数据科学家、数据工程师已经成为 AI 行业中抢手而高薪的一群人。《哈佛商业评论》称他们的工作是 21 世纪最性感的职业。

中国是经济高速发展的人口大国，也是掌握海量、高质量数据的强国。在中国，数据应用前景会更加广阔，对数据人才也有更急迫的需求。2017年春天，教育部新批准32所高校开设“数据科学与大数据技术专业”，加上之前批准的3所，开设数据本科专业的高校一下子增加到35所。到2024年，全国开设数据科学与大数据技术专业的高校增加到885所。中国的大学对数据人才的培养，步伐很快。

同样，中国也在加强对普通人的数据知识普及，以提高广大群众应用数据技术的意识和能力，以应对大数据和AI时代的挑战。

第六节　安全与隐私，硬币的另一面

数据的魔力正在重塑世界，但硬币的另一面也显露出来。数据安全事件频发，数据泄露往往会造成严重恶果，已经成为社会一大公害。《纽约时报》曾经有这样的比喻，与400年前出现的观察和测量微小事物的显微镜相比，我们现在正面对一台“测量数据”的显微镜。这台显微镜无比巨大且精细，我们的一切行为与隐私，在这台数据显微镜下暴露无遗。问题是，除了合法观看者之外，还有大量善意或恶意的非法观看者，时时刻刻想偷偷使用这台数据显微镜。这就是我们面临的数据隐私和安全问题。

要解决这个难题，掌握数据的政府、企业等机构要负起责任，从法律和管理上发力。数据科学家和数据工程师则要从技术上贡献智慧。公众要增强数据安全意识。全社会一起努力，才能构筑起坚强的数据安全保护屏障。

在政府立法方面，2018 年 5 月，欧盟正式实施《通用数据保护条例》(GDPR)，广泛保护欧盟成员国境内外企业、个人的各项数据权利。受 GDPR 的影响，全球其他国家也陆续推出了各自相关的法规。据联合国贸易发展组织（UNCTAD）统计，全球 77% 的国家完成了数据安全和隐私立法，或已经提出法律草案。随着全球数字化转型与人工智能应用的不断推进与深入，数据安全与隐私问题越来越严峻，对现代化的数据安全与隐私保护进行立法已成为全球趋势。

我国于 2017 年 6 月 1 日正式实施《中华人民共和国网络安全法》(简称《网络安全法》)，这是我国首部全面规范网络空间安全管理的基础性法律，包括网络运行安全、关键信息基础设施的运行安全，以及数据安全与个人信息保护。

自 2019 年以来，我国数据安全相关立法进程加快，国家网信办分别于 2019 年 5 月和 6 月发布了《数据安全管理办法（征求意见稿)》和《个人信息出境安全评估办法（征求意见稿)》等法规。2020 年 5 月我国发布《中华人民共和国民法典》，于 2021 年 1 月 1 日起实施，首次在法律中明确提出“隐私权”的概念，并确立隐私权范围和个人信息保护的基本规范。2020 年 7 月，我国发布《中华人民共和国数据安全法（草案)》(简称《数据安全法（草案)》)，同年 10 月又发布《中华人民共和国个人信息保护法（草案)》(简称《个人信息保护法（草案)》)。《中华人民共和国数据安全法》(简称《数据安全法》）和《中华人民共和国个人信息保护法》(简称《个人信息保护法》）作为两部综合性法律，前者强调总体国家安全，对国家利益、公共利益和个人、组织合法权益给予全面保护，后者则侧重于对个人信息、隐私等涉及公民自身安全的信息与权益进行保护。在跨境数据传输方面，网信办 2022 年先后公布了《数据出境安全评估办法》以及《个人信息出境标准合同办法》。中国信息和数据安全及个人隐私保护的法律体系已基本建成。

我国公民对个人信息和数据安全及隐私保护的权利意识已大大提高，广大群众越来越重视自己的信息和数据是否会被非法采集和滥用，更加警惕犯罪分子的非法信息和数据窃取行为。保护自己的数据安全和个人隐私，已经成为我国全社会的共识和群众的生活习惯。

10

|第十章| CHAPTER

生成与创造——生成式 AI 的辉煌与难题

无所不能的 ChatGPT，使人们对大语言模型的通用能力有了全新认识。

第一节　ChatGPT 一鸣惊人

2022 年 11 月 30 日，美国的 OpenAI 公司发布了最新版聊天工具 ChatGPT-3.5，立即引起轰动。短短 5 天，用户数超过 100 万，2 个月后活跃用户数突破 1 亿。这个数字，刷新了人类历史上应用软件用户增长速度最快的纪录。

要对这个数据有更深的了解，不妨对比其他著名应用软件的用户增长速度，看看它们达到月活用户过亿需要多长时间。Twitter（推特，现已更名为 X）用了 5 年，Meta 用了 4 年半，中国抖音的海外版 TikTok 用了 9 个月。

为什么一款聊天工具能创造这样的奇迹？因为它和以前的聊天工具完全不同，它搭载于强大的大语言模型 GPT 之上，是新一代 AI 聊天工具。试用 ChatGPT-3.5 的人们发现，这岂止是聊天工具，简直就是一位超人，一位无所不能的通才——能和人类流畅对话，甚至模仿人类的对话风格；能回答各种各样的问题，包括看起来复杂有难度的问题；能写文章，不但能写公文还能写小说、写诗；能解答让人头痛的数学难题，甚至能帮助学生撰写能糊弄老师的论文；能翻译，翻译出的文字像模像样；能代替程序员完成编程任务，有经验的人类程序员几小时才能编制出的程序代码，它常常几分钟就能搞定，甚至还能对程序员编好的程序进行检查改错……

几乎无所不能的 ChatGPT 使人们对大语言模型的通用能力有了全新的认识。它迅速走红，并引发了公众关注和使用的热潮。《自然》杂志公布 2023 年度科学人物榜单，ChatGPT 和 10 位杰出科学人物一同入选，ChatGPT 破例和开发它的 OpenAI 首席科学家伊利亚·苏茨克维一起登上杰出科学人物榜单。

媒体把机器或软件当作“人物”向公众推荐并不多见。《时代》周刊曾经把 IBM 的个人计算机作为 1982 年年度封面人物，这标志着个人计算机时代的到来。现在，ChatGPT 被很有影响力的《自然》杂志评选为“科学人物”，宣告生成式 AI 时代的来临。

ChatGPT-3.5 问世拉开了全球大语言模型竞争的帷幕。AI 公司和互联网公司纷纷开发自己的大语言模型并不断推出新版本，各种新技术新功能争奇斗艳。大语言模型的应用也不断普及，迅速渗透进人类工作和生活的各个领域。一时间，ChatGPT、大模型、生成式 AI 这些新名词满天飞舞，广泛传播。ChatGPT 或 GPT，现在已经远不仅指 OpenAI 公司的产品，而是类似于

ChatGPT 聊天工具的代名词，甚至成为大语言模型和生成式 AI 的代名词。

其实，这些名词虽然联系紧密，也经常混用，但却是不同的概念。

ChatGPT 全称是 Chat Generative Pre-trained Transformer，意思是基于生成式预训练转换器大语言模型的聊天机器人软件，是一种会话交互工具。实际上，Chat（会话，聊天）的基础是 GPT，即大语言模型。两者本应分开，但人们习惯于不分开使用它们，并把 ChatGPT 也视为大语言模型或生成式 AI。

大语言模型（Large Language Model）即大模型，简称 LLM，是基于深度学习的 AI 算法模型，是 ChatGPT 等交互工具和生成式 AI 应用的基础。

生成式 AI（Artificial Intelligence Generated Content，AIGC），也就是通过 AI 生成内容。广义地看，AIGC 是基于算法和模型生成文本、图片、声音、视频、代码等内容的全部技术，是包含交互工具和大模型的 AI 重要领域。狭义的 AIGC，则是依靠交互工具和大模型的一切 AI 内容生成应用场景的统称。

为了便于理解，也可简化一点，把 Chat、GPT（大模型）、AIGC 三者分别看作交互工具、支撑基础、应用场景。三者共同开启了人类社会波澜壮阔的生成式 AI 时代。

第二节　大模型狂潮

作为 AIGC 基础的大模型，被称为 AIGC 时代的操作系统，其发展历史很悠长。到底是什么人在什么时候提出大模型这个重要概念？这个问题至今没有明确且权威的回答。这正说明，大模型是在自然语言处理、深度学习和Transformer架构等技术的基础上逐渐发展而来的。

“人工智能”的概念是20世纪50年代提出的，那时就有语言算法模型出现。发展到深度学习阶段，自然语言处理（NLP）算法模型规模不断扩大，但人们一般把这种规模扩大称为神经网络深度增加。尽管如此，人们还是认为，“深度学习三人帮”之一的图灵奖得主约书亚·本希奥在2003年提出的深度神经网络语言模型，是大模型发展的一个重要里程碑。

大模型突破性的发展在2017年出现，谷歌的阿希什·瓦斯瓦尼（Ashish Vaswani）等8人（被称为Transformer八子）发表了《你所需要的，就是注意力》（Attention is all you need）论文，具有革命性的算法架构Transformer诞生。今天，全球主要大模型都采用了这一架构，Transformer是大模型技术的基石。

Transformer有很多创新，其中最重要的创新是引入了注意力机制。简单地说，注意力机制可让模型在处理信息时“聚焦”于最重要的部分，类似于人类学习时的自然习惯。引入注意力机制，大大提高了模型处理复杂数据时的准确性和效率。而这一架构被命名为“转换器”，也是因为模型是通过注意力机制等工作方式来实现核心功能——将输入序列转换为输出序列的。

Transformer架构强大的注意力机制和并行处理能力，使模型具有较强的可扩展性，容易通过增加模型的层数和参数规模来提升性能，这使得模型规模迅速扩大，大模型的概念自然出现了。

OpenAI前首席科学家伊尔亚·苏茨克维是大模型的重要推

手。在他的主导下，GPT 大模型的参数规模不断扩大。2018 年 GPT-1 的参数量是 117M，即 1 亿多。2019 年 GPT-2 变成了 15 亿多。一般认为，参数量超过 10 亿的算法模型就可称为大模型。到 2020 年的 GPT-3，参数量扩充 100 多倍，达到 1 750 亿。2023 年推出的 GPT-4，OpenAI 没有公布参数量，有人估计为 1.8 万亿左右。

由于大模型参数量较大，人们常用 B 来计量。这里的 B 是英文 Billion 的首字母，即 10 亿。1 750 亿参数即 175B。大模型的发展是一个大力出奇迹的现象，当模型规模（参数量和训练数据量）非常大时，模型能力会迅速提升，规模增加到超过某个临界点时，能力会发生突变，出现某种程度上的智能，不但能理解语言，还能理解语言所描述的世界，完成一些意料不到的任务，这一现象称为涌现，又称智能涌现。大模型规模越大算力越强能力就越强的特性，被称为规模法则（Scaling Law）。随着规模法则屡显奇功，开发大模型的公司不断加大模型规模和算力，掀起了大模型狂潮。

由于大模型已经成为 AI 的大脑，全球 AI 和互联网巨头竞相推出大模型并不断进行升级，投资者也看好大模型创业赛道，涌现出一大批大模型创业公司。2023 年，中国科技公司在大模型开发赛道的竞争也非常激烈，抖音、百度、阿里、腾讯、华为、小米、科大讯飞等科技巨头都不甘落伍，纷纷推出自己的大模型；智谱、月之暗面等新兴科技公司，也推出了具有竞争力的大模型产品。对于中国大模型井喷式发展的局面，人们形象地描述为“百模大战”。到 2024 年 10 月，中国已经备案并上线的大模型产品的数量超过 200 个，注册用户超过 6 亿。

作为深度学习的新阶段，算法、算力、数据这三个大模型发展要素都发生了巨大变化。算力方面，大模型极大地推高了对 GPU 芯片的需求，英伟达公司 2024 年底登上全球公司市值巅峰，推手正是大模型。数据方面，大模型狂潮引发对数据数量和质量前所未有的渴求。

衡量大模型需要的数据量，需要了解两个常用概念，一是参数（Parameter），这是模型用来理解和生成文本、语言、图像、视频等的内部变量，参数随着每次训练而变化。模型参数的概念比较复杂，可以简单理解为整体构成模型的知识库，但这个知识库对包括人类知识库在内的全部外部信息提取特征并变成自己的内部变量。在这个过程中，要对外部信息的数据量进行大幅度压缩，压缩幅度可以达到几个数量级。所以不难想象，大模型千亿万亿级的参数意味着什么，它们往往囊括了人类知识库的全部知识。

大模型的巨量参数是怎么形成的？当然是自动学习即训练得来的。训练涉及大模型数据相关的另一个概念——Token，这也是基础且常见的概念。如何翻译这个英语单词目前还未有定论，“标记”“令牌”等都用过。复旦大学计算机学院的邱锡鹏教授将它翻译为“词元”，越来越多的人开始接受这种翻译。Token 是大模型输入输出信息的基本处理单位，是文本分割后的单词、字符或更细分单元，模型训练和工作时涉及的语料数量、上下文限制、生成速度、输入输出数据量等都用 Token 衡量。文本 Token 化就是将文本转换为模型可理解格式的过程。用于训练大模型的 Token 数量也极大。参数量 1 750 亿的 GPT-3，训练数据集有 5 000 亿 Token，约有 7 000 亿字节。如果换算成汉字，大约有

20 万套四大名著的字数（一套四大名著约 260 万字）。

大模型依托革命性的算法、巨量数据和强大算力，创造了一个又一个奇迹。

第三节　跨越模态

随着大模型的迅速发展，它已经不仅可用于完成自然语言处理（NLP）任务，早已跨越模态，开始处理多模态信息。现在的主流大模型企业，都在发力多模态大模型。

多模态大模型中的“模态”（Modality），是指信息的来源或形式，来源包括听觉、视觉、触觉等感官及感知无线电波和光线的雷达、红外线传感器等，形式包括文本、音频、图像、视频等。在机器学习中，不同信息源和数据类型需要被区分和处理，因此引入了“模态”这个概念，这个概念指不同的信息源和数据类型。

在 AI 发展早期，算法模型都是处理单一模态数据，自然语言处理模型处理文本数据，计算机视觉（CV）模型处理图像数据，缺乏跨模态的交互与融合。

到了深度学习阶段，尤其是到了大模型阶段，模型能力大大提升，可同时融合处理多种数据类型，如文本、音频、图像、视频等。多模态大模型应运而生，并快速发展。

多模态也是大模型发展的实际需要和必然结果。

在应对复杂环境方面，多模态大模型可综合处理来自不同信息源、不同模态的数据，能更全面、准确地分析处理信息。这种多模态综合处理能力使大模型在完成复杂任务时表现出色，如自动驾驶、机器人、医疗诊断、智慧城市等领域，都必须要依靠多模态大模型。

多模态大模型的图像视频描述与理解、多模态交互、跨模态推理等能力，使它具有广泛的应用场景，大大扩展了大模型的应用空间。

在提升模型性能方面，多模态大模型的数据多样性提高了模型泛化能力，不同模态之间的互补，增强了模型的准确性和鲁棒性。

总之，跨越数据边界的多模态大模型，不仅大大提升了模型能力，也大力拓展了大模型的应用空间，是 AI 发展的重要方向。

以 2024 年 12 月谷歌发布的 Gemini 2.0 Flash 的实验版本为例，它支持文本、音频、图像、视频等多模态输入。它能处理图像，理解图像中的内容和信息。除静态图像外，它还支持视频输入，能分析视频中的动态信息和场景变化。它也支持多模态输出，包括图像与文本混合内容输出。它还具有多语言文本转语音功能，用户可以根据需要选择不同语言和口音进行输出，这种功能在跨语言交流、阅读等机器翻译领域具有非常大的意义。

国内的多模态大模型发展也很迅速，几乎就在 Gemini 2.0 Flash 的实验版本推出的同时，也就是在 2024 年 12 月 13 日，抖音的视频生成模型 PixelDance 在豆包大模型 PC 版中开启内测。PixelDance 具有出色的视频生成能力，与快手的可灵一样，被视为国内版的“ Sora”。它在场景和角色一致性方面表现优异，用户还可利用时序提示词、长镜头等技巧，提升视频的复杂度和表现力，丰富创作手段。

中国其他科技公司的多模态大模型也有出色表现。

更重要的是，多模态大模型支持全新的多模态智能体，它们能看到、听到你周围的世界，能进行搜索、能阅读和编写代码，能记忆、思考、规划、执行你下达的任务。多模态大模型的发展，为智能体和具身智能机器人等的广泛应用打下坚实基础。

第四节　人人都有大模型

大模型应用得越来越普遍，迅速进入千行百业。如何让大中小型机构、家庭和个人都能很好地使用甚至能自己拥有大模型？端侧大模型（在终端设备上运行的大模型）的发展，就是要探索和解决这一问题。随着大模型飞速发展和硬件性能的快速提升，端侧大模型应用已成为可能。

由于大模型规模巨大且需要强大的算力，目前主要部署在数据中心服务器和云端，但由于大模型的应用越来越深入，云端应用大模型带来很多问题。例如，由于算力消耗，模型推理成本随日活用户数量及使用频率的增加而增加，在云端进行推理的成本极高，导致大模型规模化应用遭遇瓶颈。还有网络延迟、数据安全等问题，都对大模型云端应用提出挑战。因此，将复杂的大模型部署到端侧设备（如智能驾驶电动汽车、物联网设备终端、智能手机、平板计算机、个人计算机、机器人、智能家居设备、可穿戴设备、智能健康医疗设备等）上，有广泛的应用前景，成为近年来大模型应用的热点方向之一。

端侧大模型的发展需要提高终端芯片算力，它要能够执行复杂的机器学习任务。此外，轻量化模型技术的发展，让大模型在资源有限的终端设备上也能高效运行。

轻量化模型技术有模型量化、剪枝、知识蒸馏、参数共享等。通过减少模型参数、优化模型结构等方式，可降低模型复杂度和计算量，同时可基本保留大模型的强大性能。

模型量化，是将参数从高精度转换为低精度，如将浮点型参数转换为整型参数，从而减少模型的存储量并提升计算效率。

“模型剪枝”这个词很形象，它表示识别并剔除对模型性能贡献较小的参数或连接，实现模型压缩和加速。

“知识蒸馏”这个词也很形象，它表示将大模型（教师模型）知识迁移到小模型（学生模型）中，使用教师模型的输出训练学生模型，使其学习教师模型，从而提升学生模型的性能。

参数共享，是指在大模型神经网络的不同层或不同神经元之间共享相同的参数。共享参数，可以减少模型的冗余，同时保持模型性能。

轻量化可能会稍微降低大模型的性能，但能让大模型有效部署到终端设备，这是一种合理的折中方法。

由于看好端侧大模型的未来，科技巨头纷纷布局这一领域。

在大模型和芯片都有技术储备的公司，推出了完整端侧AI解决方案。谷歌推出TensorFlow Lite框架和Edge TPU芯片，这是端侧AI整体解决方案。苹果通过将Core ML框架和A系列芯片结合，同样为开发者提供了强大的端侧AI平台。微软选择和芯片公司合作，通过ONNX框架和高通骁龙芯片结合，实现跨平台端侧AI解决方案。

芯片公司提供更广泛应用的端侧AI芯片。高通骁龙AI引擎芯片、AMD锐龙AI 300系列移动处理器和9000系列桌面处理器芯片、华为的达芬奇架构NPU芯片等，都可服务广大的终端公司，都支持端侧大模型在本地独立执行图像识别、语音识别、等复杂 AI 任务，无须依赖云端计算资源。

开发大模型的科技公司也纷纷发布轻量化的大模型，谷歌移动版 MobileBERT 模型参数量仅为 BERT 的 1/4，商汤和阿里发布的端侧大模型都只有 18 亿参数，这些端侧大模型都能在移动设备上高效运行。

中国是全球最大的智能终端生产基地，端侧大模型在我国有非常光明的应用前景。我们每个人都将在各种终端设备上使用属于自己的大模型。

第五节　AIGC 改变一切

ChatGPT 掀起的大模型狂潮波涛汹涌，但对人类社会而言，这一切才刚刚开始。生成式 AI 带来的革命将深刻影响人类社会。

生成式 AI 即 AIGC，我们简化这个术语时往往会忽略“内容”这个关键单词，而它的含义无限宽广，可以包容宇宙和人类社会。

想一想，我们是怎么从原始人类走到今天的？我们怎么学会用火改变了饮食？怎么驯化了动物和改良植物从而有了农业？怎么发明蒸汽机引发工业革命？怎么有了计算机进入信息时代？这一切的进步都源于知识的产生、传播与应用。人类的创意、发明与知识都源于思想，思想的外壳是语言。而思想、创意、发明、知识、语言，还有一切可描述的事物，它们有一个总容器——内容。

知识的产生、传播与应用，也可以说是内容的产生、传播与应用。可以说知识就是力量，也可以说内容就是力量。是有价值的内容推动了人类社会前进。

现在，内容的产生、传播与应用都因 AI 而发生巨变，不难想象 AIGC 将对人类社会有什么影响——AIGC 会改变一切。

常常听到拥抱 AIGC 较早的人们发出感慨：所有以前做过的事情都值得用 AIGC 再做一遍。是的，AIGC 影响一切领域，必须积极应对。

首先受到影响的是与内容生产直接相关的行业和产业，它们在国民经济中占很大比例，在社会生活中有很大影响力。在媒体、娱乐、文化等与内容直接相关的创意产业领域，AIGC 在提高生产效率和产品质量、促进内容分发与销售能力、降低各环节成本等方面，效果如此明显，负责传统内容生产的专业人才，如记者、编辑、作家、诗人、画家、设计师、摄影师、作曲家、广告创意者和围绕他们的销售服务人员等，都已经感到 AIGC 带来的挑战与机遇。

更大的群体是全社会白领工作者，包括会计、律师、工程师、程序员、产品设计师、办公室文员、经理人等，他们每天的工作和内容直接或间接相关，不可能有白领与内容绝缘。因此。他们的工作方式和工作流程都受到 AIGC 的深刻影响。

表面上看，在国民经济中分量很重的制造业与内容的关系很弱。实际上，制造业的产品的创意、设计、生产过程控制、销售、服务、管理，每一个环节都离不开内容，都受内容产生、传递、应用的驱动。所以，大模型在制造业中快速得到应用，AIGC 成为企业发展和竞争的利器。

服务业现在已经成为全球重要国家的最大经济部门，我国也是如此。金融、电信、电子商务、物流快递等先进服务业，信息化程度都很高，都是AI应用很深入的行业，自然受到AIGC的巨大影响。

交通、教育、医疗健康是AI的重要应用领域，他们受AI和AIGC的深刻影响，本书后面会一一专门叙述。

至于我们自己的工作和生活，受到AIGC的影响，已经或将要发生改变。

人类历史上的每一次革命性的技术创新浪潮兴起都会有人热烈拥抱，也会有人表示质疑。个人计算机普及之初，有人说计算机不是万能的。互联网大潮刚起，有人说互联网不是万能的。现在我们看到，它们都是万能的，都渗透到人类社会的每一个角落。同样地，今天有人会认为AIGC不是万能的。历史会大声回答，AIGC岂止是万能的，AIGC将影响和改变人类社会的一切。

第六节　ChatGPT惹来风波

ChatGPT的面世掀起了对大模型关注和应用的热潮，但很快引起了一系列风波，围绕AIGC应用的争议与讨论绵延不断，至今没有平息。

面对ChatGPT这样强大的AIGC工具，首先是学生表现出极大热情，并对学校产生影响。ChatGPT刚出来一个多月，美国北密歇根大学哲学教授安东尼·奥曼就在批改学生的论文时读到了一篇他认为的“全班最好的论文”。当他询问提交论文的学生是否由本人完成时，学生如实回答，他用ChatGPT写了这篇论文。这件事立刻成为新闻。

OpenAI 的创始人之一马斯克大力传播乐观情绪，他在社交媒体上推波助澜，煽情地称赞 ChatGPT：“这是全新的世界。和家庭作业说再见吧！”

ChatGPT 也立刻在学校里引起了争议与风波。为了解人们对在学校使用 ChatGPT 的看法，在线课程提供商 Study.com 调查了 100 多名教育工作者和 1 000 多名 18 岁以上的学生。调查结果显示：超过 89% 的学生使用 ChatGPT 来帮助完成家庭作业，超过一半（53%）的学生承认曾用它写论文。

调查结果引起对 ChatGPT 的担忧，72% 了解 ChatGPT 的大学教授担心它会引发作弊行为。出乎意料的是，72% 的大学生也认为应该在学校网络中禁用 ChatGPT。师生们共同认为，学生实际上并不是在利用 ChatGPT 认真学习，而是依靠它完成作业，这会导致学生分析能力与批判性思维能力下降。

教育部门抢先行动了。上述民间调查结果出来之前，在 ChatGPT 发布才一个月的 2023 年 1 月初，纽约市教育部门宣布禁止学生在其学校的设备和网络上使用 ChatGPT，以预防学生作弊的行为。发言人表示，以“对学生学习的负面影响，以及对内容安全性和准确性的担忧”为由，禁止了该技术的使用。纽约的禁令在美国其他州产生了连锁反应，在乔治华盛顿大学等多所高校，教授们逐步淘汰带回家的开放式作业，因为这种作业更易受到 ChatGPT 的影响。作为替代，他们更多选择课堂作业、手写论文、小组作业和口试等。

在欧洲，巴黎政治学院率先行动。该学院在 2023 年 1 月末发出通知，禁止各校区全体学生及教职工利用 ChatGPT 完成教学任务。院长谢尔盖·古里耶夫表示：“学术领域严禁在没有透明引用的情况下使用ChatGPT或任何其他AI工具。”如有发现违规，学生可能被学校开除，甚至被法国高等教育体系开除。

巴黎政治学院成为欧洲首个对ChatGPT实行“全面封禁”的学校。之后，英国、德国等地多所高校也出台相应政策。

在澳大利亚，新南威尔士州、昆士兰州、西澳州和塔斯马尼亚州等均已宣布禁止在校内使用ChatGPT。西澳州教育部门总干事丽莎·罗杰斯甚至说，将采用防火墙封锁ChatGPT。

学术期刊也开始动作。ChatGPT能写出貌似水平极高的学术论文，有时甚至连专业研究者也无法轻易分辨。据《自然》杂志披露，在很短的时间内至少有4份已发表和预印本上的论文使用了ChatGPT作为论文“合著者”。于是，《科学》《自然》《肿瘤学》等著名学术期刊很快发表声明，不接受论文将ChatGPT列为“合著者”。《自然》杂志明确了学术论文中使用AI写作工具的规定，其中两项原则是：第一，任何大模型工具（比如ChatGPT）都不能成为论文作者；第二，如在论文创作中用过相关工具，作者应在“方法”、“致谢”或适当部分明确说明。《科学》杂志不接受使用ChatGPT生成的论文，不允许ChatGPT作为论文合著者。《细胞》和《柳叶刀》则表示论文作者不能使用AI工具取代自己完成关键性任务，作者还必须在论文中详细解释他们是如何使用这些AI工具的。

现在，全球数千种学术刊物都作出类似规定，这已经成为学术期刊的新规范。

这只是ChatGPT被禁用的开始。2023年3月31日，意大利个人数据保护局宣布，即日起暂时禁止使用ChatGPT，就它涉嫌违反数据收集规则展开调查。作为处罚的一部分，意大利数据保护局还对 OpenAI 处以 1 500 万欧元罚款，并要求其在意大利进行为期 6 个月的公众宣传活动，以提高公众对 ChatGPT 工作原理的了解，特别是其如何收集和处理用户数据。

苹果禁止员工使用 ChatGPT 等 AI 工具，以防止出现数据安全问题。这不是杞人忧天，三星一名员工在进行软件测试时，把出问题的代码发给 ChatGPT，请教解决办法。这让三星机密源代码变成 ChatGPT 学习资料，造成严重泄密。这样的员工三星中不止出现一个，三星还没法追回或彻底删除这些机密数据，它们已经被存储在 OpenAI 的服务器里，被训练进模型中。除了三星，亚马逊、微软之前也出现过 ChatGPT 泄密问题。

ChatGPT 等大模型工具生成的内容的知识产权问题也屡起风波，引起越来越多的麻烦与诉讼。很多创作者发现，ChatGPT 等大模型中出现了他们作品的元素。2023 年 9 月，包括《冰与火之歌》作者乔治 · 马丁在内的 17 位美国著名作家通过美国作家协会向 OpenAI 提起了集体诉讼，指控其在未经许可的情况下批量复制他们受版权保护的作品以训练 ChatGPT。另一个有意义的案例是，美国艺术家克里斯蒂娜 · 卡什塔诺娃对利用 AI 绘画软件 Midjourney 生成的漫画作品《黎明的查莉娅》进行了版权登记，后因自曝该作品创作基本由 AI 完成，最终美国版权局以其中由 AI 生成的内容不能作为人类作者的作品为由，撤销了该项著作权登记。短短的时间，ChatGPT 引发的诉讼就超过 30 起，涉及版权、隐私、数据安全、造谣、传播虚假信息等。

与 AIGC 相关的知识产权问题越来越多，这引起了社会各界尤其是法律界和管理部门的高度重视。2023 年 7 月，国家网信办联合国家发展改革委等七部门，发布施行的《生成式人工智能服务管理暂行办法》第七条第二款就明确规定，AIGC 的训练数据处理活动涉及知识产权的，不得侵害他人依法享有的知识产权。

与此同时，关于 AIGC 应用的探讨也在深入，有专家指出，ChatGPT 等 AI 工具的出现，在一定程度上能够倒逼学术界和教育界对传统的运作模式进行变革。《自然》杂志网站上的一篇文章提到，ChatGPT 的出现可能会减少让学生回答一些普通的问题，更注重对学生批判性思维的培养。在论文写作上，学术工作者应该减少无意义的内容堆砌，生产真正有价值的学术研究成果。

将 ChatGPT 等彻底从教育领域清除并没有得到所有教育工作者的认可。剑桥大学分管教育的副校长巴斯卡尔·维拉教授在接受剑桥大学校报采访时表示，AI 是一种供人们使用的工具，大学禁用 ChatGPT 这样的 AI 软件并不明智。禁令阻止不了 ChatGPT 深入校园的趋势。

抄袭、作弊、泄密、内容责任、侵犯知识产权等，的确是现阶段 AIGC 面临的难题，但这一新生事物必定会解决这些难题并大步前进。

第七节　大模型的幻觉与偏见

功能强大似乎无所不能的大模型，有时也会像人类头脑短路一样，弄出一些让人啼笑皆非的问题。比如，你问“美国特朗普总统上台第一天会干什么”，它会很认真地回答你，特朗普去了渥太华的办公室和国会议员开会，然后讲上一大通当天在加拿大办公室的各种活动。

这种生成的内容没有逻辑、违背常识、用错场景又自以为是，是在一本正经地胡说八道，这种现象被称为大模型发生了幻觉。

大模型的幻觉不仅会发生在处理文本信息时，也会发生在处理图像视频等视觉信息时。OpenAI 的视频生成模型 Sora 发布后让全球感到惊艳，可是认真看看，却发现一些匪夷所思的怪视频。女郎在东京街头漫步，走路时腿部却发生了变形，交叉换位时发生错乱了；老奶奶努力吹蜡烛时，火苗居然纹丝不动。这说明，神通广大的 Sora 在模拟复杂物理现象时遇到了瓶颈，无法准确处理交互细节。也就是说，它发生了幻觉。

大模型的幻觉是指在使用时生成了不准确或虚假的信息或回答。幻觉在多种任务中都可能出现，在准确率要求极高的场景下（如新闻、医疗和金融领域）会引发严重问题。

大模型出现幻觉是一个非常复杂的问题，涉及数据、训练和推理等多方面的原因，还有一些原因并不完全清楚。现在，通过提高数据质量、模型校准、增强上下文理解、多模态融合、建立用户反馈机制、增加知识库和常识性知识、定期审查和更新数据等措施，已经大幅度减少了大模型幻觉，但要完全消除大模型幻觉，仍然是一项长期的艰巨任务。

大模型还有一个问题引人关注，那就是若模型数据使用和训练不当，则会让大模型产生偏见。大模型的偏见问题，可能比幻觉问题更难处理。因为幻觉本质上是技术问题，而偏见不仅涉及技术，还涉及历史文化等人文因素。大模型的偏见，往往是人类社会偏见的映射。

大模型的偏见问题指模型在生成内容时存在某种偏好或倾向。这种偏见不仅会影响模型性能和准确性，还可能对用户产生负面影响，如误导用户、加剧社会不平等或引发歧视。

为了解和研究大模型的偏见，德国柏林洪堡大学发布OpinionGPT模型，定义了政治、地理、性别、文化、年龄等11种偏见，用户可以通过选择不同的偏见和观点组合来探索模型的回答如何受到这些因素的影响。这让用户可以了解大模型如何处理不同的偏见和观点，增强对大模型中偏见和主观性的认识。这种方法虽然主要由研究者使用，但是也能让开发者和普通人认识到大模型存在偏见而积极应对，提高对偏见的敏感性，识别和纠正大模型的偏见。

大模型的偏见是由于训练数据的不平衡、不完整和社会文化背景等因素导致的。解决大模型的偏见，采取的措施也要针对上述因素，也就是提高大模型的公正性、准确性和可靠性。

幻觉和偏见是大模型发展中存在的问题，解决这些问题也是一个综合且长期的过程。

第八节　规模法则的是与非

大模型发展到今天如此强大的程度，规模法则长期在起作用。大家一直相信大力出奇迹，扩大模型规模就会提升模型性能。但是，随着大模型的进一步发展，规模法则的根基开始产生动摇，不断有研究和实践表明，大模型不一定参数越多性能就越强，大模型通过扩大参数量来提升性能的边际效应开始出现。

大模型的规模法则与摩尔定律不同，后者精确且长期有效，预言了集成电路几十年的发展道路。规模法则严格说来不是什么法则或定律，是 OpenAI 研究人员在 2020 年探索出的经验。规模法则表明，随着模型规模的扩大（参数增多）、训练数据集的扩展及算力的增强，模型的性能会以可预测的方式提升。该法则暗示，只需增加模型规模和训练数据，就可以在不进行基础算法创新的情况下显著提高性能。之后，尽管不断有人对规模法则能否持续有效提出了质疑，但这一理念仍然被 OpenAI 所坚持，并广泛传播。但现在，情况发生了变化。

不少 AI 专家指出，在 GPT-4（万亿参数）级别的模型上，大模型的进步已经放缓。与前几代相比，GPT-4 并没有表现出能力上的显著提升，这说明规模扩大可能正接近收益递减的边际效应临界点。2024 年 4 月，著名 AI 评论家和两家 AI 公司创始人加里・马库斯博士尖锐质疑："我们都知道 GPT-3 比 GPT-2 好得多，知道 GPT-4 比 GPT-3 好得多，但那以后发生了什么呢？"他暗讽 GPT-4 等的停步。

大模型因规模增大而带来的一些缺陷也开始引起注意。在《自然》杂志上，西班牙瓦伦西亚理工大学发表了自己的研究，揭示了一项惊人发现：大模型的规模越大，其生成的答案并不一定越准确。研究者以 GPT 等大模型为对象，探讨其在处理不同任务时的表现，发现大模型在复杂任务中确实表现优异，但在简单任务上却往往出现显著的错误。比如，GPT-4 在基本加法和猜字谜等时的错误率，比某些小模型高出 15%。这引发了广泛关注。

轰动性的质疑来自 OpenAI 前首席科学家伊利亚・苏茨克

维，他在 2024 年底几次指出，预训练大模型走到头了，规模法则已经碰壁。类似的观点，已经有越来越多的 AI 科学家提出，但伊利亚这么说，引起了人们的格外重视。因为他在 OpenAI 时力推扩大模型规模，“越大越好”曾经是他的信条。这种反转，自然成为新闻报道的焦点。

伊利亚列举了预训练大模型规模扩大遭遇边际效应的原因，如算力、推理成本制约等，但他认为最重要的原因还是数据。他表示，我们已经达到了数据的峰值，未来不会再有更多数据，这个行业里可用的新数据已经接近枯竭。他还将这一状况比作化石燃料的消耗，与石油是有限资源一样，互联网中由人类生成的内容也是有限的。

伊利亚将数据比作化石燃料，认为数据枯竭的影响会很大。有人甚至排出时间表，认为大模型新数据将于 2028 年耗尽，这被描述为大模型遇到了数据墙。

规模法则是否已经到头，仍然在激烈争论之中，这种思想交锋与探索，会促进大模型发展，促使大模型走出新的道路。比如，针对数据的有限性难题，人们一度认为合成数据是解决之路。英伟达公司就是大量使用合成数据的典型，他们的开源模型 Nemotron-4 340B 使用了 98% 的合成数据。但是，也有研究者对合成数据的使用提出挑战。2024 年 7 月，来自 Meta、纽约大学等机构的研究团队的一篇登上《自然》杂志封面的论文证实，用合成数据训练模型就相当于“近亲繁殖”，9 次迭代后就会让模型完全崩溃，模型越大危害越大。这篇论文让本来很有希望的合成数据遭受争议，甚至被视为毒数据。

其实，这些探索与争论揭示了大模型发展的一个常识性问题，那就是数据质量、多样性的重要价值。

至于数据会不会枯竭，也有完全不同的观点。有人认为，目前大模型使用的数据只是人类数据中的一小部分，即文本数据。而大模型已经进入多模态阶段，在世界模型的视野里，还包括音频、图像、视频数据，还有越来越多的触觉、嗅觉等传感器采集的数据，数据是无穷无尽的，永远不会枯竭。

作为 AIGC 灵魂与大脑的大模型，还将继续迅猛发展，规模法则无论是非如何，对它的讨论都是对发展的有力推动。

第九节　算力与能源的问题

伊利亚·苏茨克维认为，预训练大模型已走到尽头，规模法则已经碰壁，尚且存在很大争议。他还提出大模型的另一瓶颈——算力问题。建设强大算力投资巨大、能耗也惊人，这是不争的事实。

现在 ChatGPT 每天要服务 2 亿用户，所需算力要数十万张高性能 GPU 卡来支撑。到 2024 年底，我国的字节跳动（抖音）公司的豆包大模型用户达 1.6 亿，全球第二，据推算需要以十万计的 GPU 卡提供支撑。这是巨大的算力投入，强大算力背后是巨大的成本和能耗。

由于大模型的理解、推理和生成需要较复杂的计算，AIGC 和互联网应用所需的算力、成本、能耗有很大的不同。谷歌母公司 Alphabet 的董事长约翰·亨尼斯在 2023 年 2 月曾披露，与大模型交互的成本可能是互联网关键字搜索的 10 倍。谷歌每次搜索耗电 0.3Wh，每次大模型交互耗电约为 3Wh。这一成本和能耗会随着大模型技术的发展而大幅度降低，但总体而言大模型目前仍然会产生巨大的能耗，如 ChatGPT 每天处理约 2 亿用户的请求，耗电量超过 50 万度（kWh，千瓦时）。

由于大模型运营成本比互联网高很多，所以目前多数大模型公司难以像互联网公司那样长期对大规模用户免费，不得不建立收费模式。我国的 DeepSeek 由于大幅度降低了成本，所以能够对用户免费，因而在全球大受欢迎，其他大模型开发者纷纷效仿，开拓了 AI 发展的新路。

除了运营，大模型的训练也需要极大的成本和能耗。知名的大模型，每次训练成本在数百万到数千万甚至数亿美元。GPT-4 的一次训练就会用掉 2.4 亿度电。谷歌每年用于 AI 训练的电量为 23 亿度，相当于美国一个州首府所有家庭一年的用电量。

除了耗电，AIGC 也会大量耗水。微软公司 2022 年用水量同比前一年激增 34%，达到 640 万立方米，比 2 500 个奥林匹克标准游泳池用水还多，这一增加与微软 AI 算力设施冷却用水增加有关。

AIGC 的快速发展在全球范围内带来了对算力需求的激增，引发了对能源的巨大消耗，全球数据中心的耗电量因此显著增加。据国际能源署（IEA）的数据，2022 年全球数据中心耗电量为 4 600 亿度，2026 年预计到 1 万亿度，增幅超过 1 倍，这相当于日本目前全国 1 年的用电量。数据中心用电量之所以会快速增长，主要是因为 AI 尤其是 AIGC 的广泛应用。

大模型训练和推理在算力、成本与能耗方面的需求，成为制约大模型发展的难题，人们一直在努力解决这些难题并取得了一定成效。可喜的是，分别在 2024 年 12 月和 2025 年 1 月，我国的深度求索（DeepSeek）公司取得了重要突破，这家初创公司推出的DeepSeek-V3和R1开源大模型，性能与GPT-4o和Claude-3.5等顶尖大模型不分伯仲，但训练成本仅为GPT-4o的二十分之一，服务成本为GPT-4o的十分之一，能耗也大幅降低。DeepSeek通过算法创新来降低对算力、成本和能耗的需求，这是大模型发展的创新之路，引起了全球关注。

AIGC还在高速发展，应用也会越来越普遍，算力和能耗还会剧增。2024年11月，清华大学高等研究院双聘教授、美国国家工程院外籍院士沈向洋在大湾区科学论坛上指出：未来10年每年对算力规模的需求预计相较上一年将增长约4倍，10年将增长100万倍。这个预言相当惊人，揭示算力和能耗在未来还会激增。

面对AIGC带来的能耗问题，各国纷纷采取措施应对，在技术创新、新能源、政策等几方面发力。在技术创新方面，设计效率更高的专用AI芯片、优化模型架构和算法、优化模型参数、使用小模型来实现与大模型相似的效果等手段，可以大大降低大模型训练和推理过程中计算和存储产生的能耗。在新能源方面，全球数据中心已经并将继续大量使用光伏、风电、水电等绿色能源。在政策方面，各国针对数据中心发展出台各种能源引导政策。例如在我国，早就要求新建大型、超大型数据中心必须全部达到绿色数据中心要求，并要求所有数据中心将新能源使用比例逐年上调，到2032年达到100%。这些措施，推动了AIGC引领的AI新发展，同时有效应对能源挑战。

我国是全球绿色能源发展的引领国家，必将在解决AIGC的能源难题上作出表率。

第十节　机器能创造吗？

AIGC 有如此优异的表现，在许多认知任务上超越了人类，内容生成能力也使人惊艳。下一步它还会走向哪里？一个关键的问题是，它已经或将具备人特有的创造力吗？这个问题引发了广泛讨论。

答案是否定的。尽管 AIGC 有很强的理解、推理和生成能力，尽管 AIGC 能生成复杂和多样化的内容，但本质上，AIGC 仍然只能进行“生成”，而不能进行真正的“创造”。

AIGC 的内容生成基于输入数据的统计规律和模式。这种生成方式不是创造，它目前还不具有人类的想象力、直觉、思维灵活性、创新目的性，所以不具有创造性。AIGC 生成的内容没有产生新的思想、新概念、新方法，而这些正是人类创造力的表现。

2024 年 11 月，牛津大学和犹他州立大学的一份报告可以为回答这一问题提供参考。报告的题目是“无法被 AI 取代的力量：人类认知的理论驱动力”，报告从一个很重要的角度揭示了人为什么能够创造而机器还不能。那就是，AI 目前还不具备人类的用理论驱动创造的能力。

报告指出，AI 目前具有能力并非真正的智能突破，而是源于其背后的数据驱动机制。AI 通过处理海量数据提取模式并基于概率分布进行预测，本质上，这种能力局限于对已有知识的模仿，而非对知识的创造性探索。

AIGC 的学习模式严重依赖历史数据，其生成结果是过去信息的组合。大模型可以生成内容丰富、语言流畅的文本，但这些文本的核心逻辑是概率统计，而非真实意义上的推理。相比之下，人类在数据不足的情况下，依然能够凭借理论驱动和想象力提出革命性观点，实现伟大的创新。如伽利略在面对当时天文学主流学术观点“地心说”时，勇敢提出了日心说。

理论驱动和想象力，是 AIGC 还不具备的能力。

理论驱动，正是人类认知的本质，也是创造的重要源泉。人类不仅能够通过现有数据得出合理推论，更能基于假设、直觉以及跨领域的联想，提出具有前瞻性的创新想法。莱特兄弟发明飞机是理论驱动的伟大创新。19 世纪末科学界普遍认为人类飞行不可实现。这一判断基于对数据的传统理解：飞行物重量越大，越难以升空，正如鸵鸟和火鸡等重量较大的鸟类无法飞行一样。莱特兄弟却从飞行基本理论原理出发，通过空气动力学、翼形设计、引擎推力等方面的实验，验证了理论，实现了创造与发明。

总之，理论驱动能力让人类能不断创造、创新。AIGC 目前还不具备理论驱动能力，也就不能进行创造、创新。不过，人类的理论驱动能力为 AI 未来发展提供了启示。

AIGC 已经创造了辉煌，它在发展中也遭遇了无数难题，这是人类这一伟大历程的必然之路，AI 永远在解决一个个难题的基础上大步前行。

11

|第十一章| CHAPTER

忠实的朋友与助手——形形色色的机器人

轰动全球的机器人项目收购案静悄悄落下帷幕，让中国企业在机器人发展领域的雄心浮出水面。

第一节　美的收购德国国宝

2016 年 12 月 30 日，中国家电巨头美的集团宣布，对德国库卡集团的收购已经获得所有监管部门的批准，美的将以 37.07 亿欧元使自己在库卡的股份增加到 94.55%，远远超过以前各方预测的 70%。

翌年 1 月 13 日，当我访问位于顺德北滘镇美的全球研发中心时，得知收购已经全部完成。令人大为惊讶的是，全球瞩目的机器人行业最大收购案几乎没有媒体宣传，就这样静悄悄地落下帷幕。

与之前的媒体喧嚣相比，最后阶段的信息传播可以说是水面无痕，低调得不能再低调。据说，这是双方共同的愿望与媒体的策略。

但是，低调不能掩盖这件事的重要意义。库卡是全球四大机器人厂商之一，这家德国百年老店，几乎见证了工业机器人的整个历史。1973年世界上第一台六轴工业机器人，就是由库卡集团的前身IWKA公司推出。库卡的工业机器人和自动化生产线遍及仓库、家电，汽车等很多行业，且在汽车行业处于绝对领先地位。特斯拉充满科幻色彩的纯电动车自动化生产线，就是由库卡机器人挑大梁。

库卡机器人的高度精细与灵活，在2014年得到极为直观、生动的展示：会打乒乓球的库卡机器人，以11∶9的比分击败了德国乒乓球世界冠军波尔。由于创造了太多的传奇，库卡一向被视为德国国宝。在雄心勃勃进军工业4.0的德国，库卡因处于制造业战略高地而引人瞩目。

所以，美的收购库卡不但轰动德国朝野和全球媒体，牵动中德两国总理，就连与这两个国家分别远隔太平洋和大西洋的美国，也觉得有必要从美国国家安全角度来监管一下。最后放行收购要约的两个监管机构，其中之一正是美国外资投资委员会（CFIUS）。对这次收购进行低调处理，恰好说明其重要与敏感。

经过艰难历程，美的收购库卡终获成功，原因在于符合当事双方和中德两国的长远战略。中国是工业机器人的最大市场，美的是工业机器人的大买家，当时已经有1 000台工业机器人在美的工作。双方今后可以广泛开拓工业机器人市场。但是，更有前景的是服务机器人市场，库卡看好美的在家电等消费品市场的传统优势，双方都希望这次联姻能让库卡在服务机器人市场上大显身手。

第二节　前世今生

机器人是AI领域的重要分支学科，“机器人”这个术语的出现远远早于计算机和AI。机器人这个词不是由科学家而是由作家创造的。1920年捷克剧作家卡雷尔·恰佩克（Karel Capek）在科幻剧本《罗莎姆万能机器人》中，使用了Robota这个捷克语单词，原义即苦力、工人，这就是机器人（Robot）的来源。实际上，机器人一词早于机器人学科和机器人实体出现。

机器人一向被看成实现AI的一种实体形式。机器人的研究与AI的研究密不可分，在知名科研机构（如麻省理工学院、斯坦福大学等）的AI实验室，机器人一直是AI研究的重要方向之一。

机器人的概念可以简单表述为：靠自身动力和控制能力来实现各种功能的机器。概念虽然简单，但实现机器人的功能并不容易。机器人实际上是控制论、机械、电子、计算机、材料、仿生、AI等多学科结合的综合性学科。所以，机器人并不是有些人认为的给AI装上物理外壳那样简单。虽然现在绝大部分机器人都不具备人形，而是根据任务需要呈现千姿百态的外形，但是机器人在很多场合下代替人类工作时，需要模拟人的动作。

人体构造是高度精密且复杂的，仅以一只简单的机器人手臂为例，如果要想让它拥有人类上肢手臂的灵活性，6个自由度是完成空间动作的最低要求，所以长期以来，工业机器人中最常见的是六轴机器人。每一个轴向的动作，都需要一套伺服系统来驱动和控制，六轴动作还要整体协调。如果除了手臂动作，还要考虑手腕动作，甚至考虑手指头的精细抓取，那就更复杂了。下肢的行走和奔跑，不但要考虑动作的灵活与协调，还要考虑在各种复杂场地上的行动稳定性，这同样很不容易。

谷歌公司 2013 年收购的波士顿动力公司，曾经在一段传播很广的视频上展示过快速奔跑的机器狗，人用脚去猛力踹击，这只狗仍然在奔跑中不倒。这是一项高难度的研究工作。机器人运动由机器人运动学来专门研究，可见机器人学科的复杂性。

按照国际机器人联盟（IFR）的分类，机器人分为工业机器人和服务机器人两大类。现在一般把制造业中的机器人称为工业机器人，非制造业中的机器人统称为服务机器人。

第三节　现代制造业与工业机器人

工业机器人是现代制造业中重要的自动化装备，可以替代人工自动从事物料传送、剪裁、切削、冲压、焊接、锻造、喷涂、装配、包装、搬运、堆码等工作。工业机器人不但能把人类从繁重、重复的工作中解放出来，还能代替人类在有毒、危险的环境中工作，避免对人身造成伤害。随着现代制造业的发展，工业机器人应用越来越普遍。

工业机器人在制造业的潜力有多大呢？全球最大的 3C（即计算机、通信、消费电子）厂商富士康，2011 年提出了冲击力极大的机器人计划，准备 5 年内让百万台工业机器人上岗。虽然一度传出富士康机器人计划受挫的消息，但实际上富士康用工业机器人缓解了长期以来生产线人力不足的难题。2016 年 4 月新华社报道，富士康苏州昆山吴淞江园区员工人数曾一度高达 8 万人，但此时仅剩 4 万人，已经减半，产值却增加 1 倍。当年 5

月，富士康昆山厂区 ACE 车间向媒体开放，人们看到，此时的车间已经实现完全自动化，变成了不见灯光的“黑灯工厂”。

富士康人士透露，2020 年 1 台机器人价格约为人民币 13 万元，而养 1 名生产线员工的年成本约为 5 万元，2 名员工 1 年的工资就接近 1 台机器人的价格，但机器人可以 24 小时不间断工作，相当于 3 个人力。而且，机器人价格还会下降，人员工资却会上涨。如果单从成本计算，企业会考虑大量使用机器人，更何况用机器人会带来工厂的自动化和智能化，极大提升企业竞争力。

机器人在汽车行业比 3C 行业应用更为广泛，目前全球有 50% 以上的工业机器人用在汽车行业。在汽车制造的焊接、喷涂、装配等工序中，都有大量机器人在不知疲倦地辛勤工作。发达国家的传统燃油车行业中，大约每 10 000 名员工就配有 1 000 台工业机器人。进入电动汽车时代，工业机器人应用会更加广泛。电动汽车行业后起之秀的小米汽车，在生产自动化、智能化方面表现突出。小米汽车北京工厂 SU7 电动车生产流水线上，有超过 700 台机器人在作业，工厂综合自动化率超过 91%，关键工艺自动化率达到 100%，实现了生产高度自动化，甚至可在无人干预下完成生产。小米这样的自动化生产流水线，每小时可生产 40 辆小米 SU7，每 76 秒就有 1 辆新车下线。

中国制造业中工业机器人应用水平迅速提高。2024 年 11 月，总部位于德国法兰克福的国际机器人联合会发布的《2024 年世界机器人报告》显示，机器人与工厂工人的比例，中国已超过德国和日本，在 2023 年就跃居世界第三。2023 年中国新安装 27.6 万台工业机器人，占全球安装总量的 51%，约是美、日、韩、德安装总量的 2 倍。

据报告数据，2023 年全球平均机器人密度再创新高，达每 10 000 名员工配有 162 台机器人，是 7 年前 74 台的 2 倍多。排在前三位的韩国、新加坡、中国，每 10 000 名员工配有机器人的数量分别为 1 012、770、470 台，德国、日本、美国分别为 429、419、295 台。

工业机器人还正在与大模型、大数据、云计算、互联网进一步融合，智能化程度不断提高。智能工业机器人的广泛应用，是先进制造业的重要特征之一。

第四节 服务机器人大合唱

长期以来，工业机器人是机器人最大的应用场景。服务机器人发展远远落后，一直到 20 世纪 90 年代才开始出现真正有实用价值的产品。但是，现在情况已经改变，服务机器人正迅速崛起。2017 年是关键之年，据国际机器人联盟（IFR）预测，这一年全球服务机器人市场规模首次超过工业机器人，成为机器人行业的主角。从这里也不难看出，库卡同意美的以绝对控股的方式收购自己，原因就在于希望联手在自己擅长的工业机器人之外，开拓更广阔的服务机器人市场。同样，全球最大的机器人厂商 ABB 及其他行业巨头，也把未来希望寄托于服务机器人市场，纷纷对业务进行重大调整。服务机器人的发展，将进入一个爆发期。

服务机器人应用范围可以说是星辰大海，涵盖了人类活动的一切领域。有人生活和工作的地方，就需要服务机器人。服务机器人又可分为家用机器人和专业机器人两大类。常见专业机器人有军用机器人、安保机器人、农业机器人、林业机器人、医疗机器人、电视广播机器人、文艺演出机器人、电力维护机器人、救援机器人等。而家用机器人有扫地机器人、娱乐机器人、教育学习机器人、烹饪机器人、护理机器人等。事实上，我们现在生活中接触到的一切家用机器，都有可能变身为智能家用机器人。

小小的扫地机器人，也许是观察家用机器人未来的一扇窗口，因为目前的家用机器人中，扫地机器人占 50% 以上。2016 年 8 月，小米宣布推出旗下的米家（Mija）扫地机器人。扫地机器人并不新鲜，是高度智能化的吸尘器和清扫机器。让人感兴趣的是，小米的扫地机器人一下子把高端扫地机器人的价格腰斩，从三四千元降低到一千多元。米家扫地机器人采用了激光传感器、超声波传感器、陀螺仪等装置，通过复杂的智能算法进行路径规划，保证清扫不留死角，还具有悬崖探测、电池快耗尽时自动回充等功能。给人的印象是：这是一款高度智能的机器人，以亲民的价格进入家庭，让人看到家用机器人的普及前景。到 2023 年，全球智能扫地机器人年销量已达到 1 852 万台，十大生产厂商里中国有九家。扫地机器人虽小，但却是机器人大规模进入家庭的先导。

烹调机器人也是未来每个家庭可能必备的新一代智能电器。炒菜机也不新鲜，九阳等厂商已经开始把自己的智能全自动炒菜机命名为炒菜机器人，这也代表一种风向。以九阳炒菜机器人为例，按照彩色显示屏提示的菜谱备好原料，合上盖子就可以坐等热腾腾香喷喷的菜肴烹调好了。九阳炒菜机器人可以烹调南北菜系的 108 道菜，还有多种智能交互功能，如全程语音操作提示、带有视频教学的菜谱、联网控制及云食谱下载等。这样的智能炒菜机器人，价格也在一两千元。

由上述两个小型家电的机器人化可以看出，现在的家用电器逐步趋于高度智能化，正在演变成各种各样的家用机器人。这是AI在家电行业应用的新浪潮，也是家电行业科技研发的新方向。库卡与美的联姻的原因之一就是追逐这样的新潮流。

老人的照料和陪伴、家庭病残成员的康复与呵护，也是家用机器人大显身手的场合，这是一个大市场。早在收购库卡之前，美的与全球四大机器人公司之一的日本安川电机在2015年就建立了合资公司，先行布局医疗康复与助老助残领域的服务机器人，以适应中国和全球社会的老龄化趋势。美的安川陆续推出相关的服务机器人产品，进军这一广阔市场。

根据人力资源和社会保障部的数据，截至2023年底，中国60岁以上老年人口达2.97亿，而2035年将达4亿，失能、半失能老人数量会进一步增多。有人把中国称为超级老龄化社会，老年人的关怀问题在中国最为突出。对老年人的关怀主要还是靠人，用机器人辅助人类做好陪护和照料工作是历史趋势。善解人意且手脚灵巧的机器人，可以陪老人散步、聊天、阅读、娱乐，照料老人的日常生活，让他们身心愉快。我们在新闻媒体中看到过的机器人照顾老人和病人的生动情景，正出现在普通家庭中。

教育与学习机器人，可能是最让人期望也最有挑战性的家用机器人。为了增强对青少年的亲和力，厂商把教育机器人人形化，有的机器人还具有机器视觉功能，能识别主人和亲友，成为陪伴小主人学习、娱乐的忠实朋友。教育机器人很多还带有通信和视频监控功能，让家长随时了解小孩的动态。

服务机器人正随着大模型的发展进入新的阶段，各类家用服务机器人正一天天走向成熟，成为人类亲密的伙伴与助手。

第五节　具身智能与人形机器人的新天地

随着 AI 特别是 AIGC 的新发展，机器人进入了新阶段。具身智能（Embodied Intelligence）成为机器人领域的研究热点，带来新的机遇与挑战。

具身智能是指 AI 系统通过物理形态（身体）与环境进行互动产生智能行为，它的核心思想是将强大智能融入机器人这样的物理实体中，使机器人能够像人类一样感知、思考和行动。随着大模型的发展，具身智能机器人成为可能。

具身智能强调智能体（机器人）与环境的交互，这种智能形式不仅包括感知、认知和决策等过程，还包括运动控制、环境适应等行动过程。我们在前文对大模型的叙述中已经了解到，多模态大模型、世界模型等的发展，都涉及模型对物理世界的感知、认知，以及决策、执行等。不难理解，大模型发展到这一阶段并应用到机器人领域，具身智能机器人成为热点方向，是很自然的事情。

具身智能的感知能力，包括视觉、听觉、触觉等多种感知；认知能力，是处理和理解信息的能力，包括记忆、学习、推理、解决等；行动能力是根据感知信息和认知的结果执行行动的能力，包括运动控制、环境适应等；交互能力是与环境和其他智能体进行交互的能力，包括通信、协作等。这些能力，与人的大脑、小脑、身体四肢的能力类似，所以形象地称为具身智能，是大模型和机器人融合发展到新阶段的产物。

具有前所未有具身智能的人形机器人，是适应复杂环境的新一代自主机器人，科技巨头和新兴机器人公司都将重点转向这一领域，投资者也看好人形机器人领域，掀起了投资和开发热潮。英伟达 CEO 黄仁勋认为，未来机器人种类很多，但只有汽车、无人机、人形机器人能达到大规模量产。花旗银行预测到 2050 年，人形机器人数量将达到 6.48 亿台，产业规模达到 7 万亿美元。

波士顿动力曾经是机器人行业的灯塔，他们的 Atlas（古希腊神话中的擎天巨神）人形机器人在 20 年前就面世了，但商业化进展缓慢。特斯拉的 Optimus（最优者，也称为擎天柱）在 2021 年才诞生，但迭代速度很快，发展很迅速。Optimus 模仿人的身体结构和行为，身高 173 厘米，体重 57 千克，双手有 22 个自由度（人的单手有 27 个自由度）。2024 年 12 月，特斯拉发布 Optimus 最新视频，视频显示，Optimus 能稳健地在野外复杂地形上行走，甚至能在脚滑时像人那样通过挥动双手保持平衡。Optimus 目前已经用于特斯拉工厂的生产过程中，预计 2025 年底对外销售，成本会低于 2 万美元，用途也将从工业机器人扩展到服务机器人，用于家务和医疗。马斯克非常看好人形机器人产业，甚至认为未来是特斯拉超过汽车的业务。

中国的机器人产业发展很快。中国具有强大的供应链配套能力，涌现出一大批技术实力强、产品竞争力强的机器人公司。中国有不少科技公司进军人形机器人公司，也有出色表现。宇树科技长期与波士顿动力竞争，机器人产品性能不输后者，但价格却有压倒性优势。2024 年 5 月，宇树科技发布 Unitree G1 新型人形机器人，外观和动作高度模仿人类，全身自由度达到 40 个以上，超过常见的双足人形机器人，实现了高精度和高稳定性的行走及复杂动作执行，能适应复杂地形和环境，如斜坡、楼梯和不平整地面等，定价 9.9 万元起，同样适用于工业机器人和服务机器人两大应用领域。2025 年央视春晚舞台上，宇树科技的双足人形机器人惊艳亮相，与女演员共舞，这一经典场面显示了中国人形机器人的风貌。

在具身智能和人形机器人全球产业竞争中，中国企业具有很强的实力。

第六节　巨大的冲击波

工业机器人和服务机器人正在迅速发展，形形色色的机器人浩浩荡荡进入人类生活，这是 AI 带来的不可阻挡的潮流，也形成巨大的机器人冲击波，必然会引起人类社会强烈反响。

最先预测未来的是科幻作家。从卡雷尔·恰佩克的《罗莎姆万能机器人》开始，文学和影视作品中的机器人形象连绵不断，掀起机器人主题的百年热潮。一代代人受这些文艺化机器人形象影响，对机器人的认识也常常出现偏差。

这一轮 AI 复兴带来的机器人冲击波格外猛烈，人类反响也尤为强烈。欧盟议会在 2016 年提出对机器人征税的提案，就是对机器人浪潮冲击的一次高声调回应。与认为提案是无稽之谈的全球铺天盖地的抨击之声相对，也有不少人支持这样的提案。微软创始人比尔·盖茨就对向机器人征税的提案公开表示支持，因为机器人应用会造成大量失业，应该征税来补偿。诺贝尔经济学奖获得者、美国耶鲁大学教授罗伯特·席勒也表示理解，他认为，如果来自机器人的税收用于劳动者的职业培训，将有助于缓解他们心理上的痛楚。

尽管欧盟议会这一提案在2017年2月被否决，但欧盟议会仍然在就相关法律的制定进行探讨，以求抑制机器人的过度使用。

对机器人的军事用途的担忧越来越加深。自主武器（机器人、无人机、无人坦克、无人舰艇等）实际上已经用于战场，并将在战争中发挥越来越大的作用。于是，联合国大会在2018年通过了一项决议，呼吁各国在开发和使用自主武器系统时遵循国际人道相关条约的要求。

2023年10月5日，联合国秘书长和红十字国际委员会主席联合发表声明，认为战争机器人的发展和扩散有可能会导致战争方式发生显著改变，加剧国际紧张局势。呼吁各国针对自主武器系统制定新的禁令和限制。2023年11月1日，联合国大会第一委员会通过了有史以来第一个关于自主武器的决议，强调国际社会迫切需要解决自主武器系统带来的挑战和关切。

关于机器人和AI对人类影响的思考和对策讨论，将成为人类社会的长久课题。

12

|第十二章| CHAPTER

机器人无形——无处不在的虚拟机器人

除了有形的物理机器人，我们每天都被无形的虚拟机器人包围。

第一节　从 Bot 到智能体

火遍全球的 ChatGPT 又被称为聊天机器人，它本质上是一种应用软件。在 AI 时代，一大类应用软件逐渐具有智能，它们被称为 Bot，即机器人。到大模型兴起，尤其到多模态大模型阶段，应用软件具有更强大的智能，于是被称为智能体。Bot 广泛使用，可以看成 AI 背景下各种应用软件的一次智能化升级；智能体崛起，是大模型时代的又一次升级。

Bot 是 Robot（机器人）的简称，一般指无形的虚拟机器人、软件机器人。Bot 也可以看作自动完成某项任务的智能软件。Bot，有时也被用来称呼实体（物理）机器人。

聊天机器人，是应用最广泛的一大类 Bot，也被称为

Chatbot。聊天机器人是用自然语言处理等 AI 技术，来辅助和模拟人类对话活动的软件程序，用于手机等移动终端和 PC 等桌面终端。苹果的 Siri、百度的小度等语音助手，入口都是聊天机器人，即 Bot。今天聊天机器人无处不在，即 Bot 无处不在。当然，Bot 应用也非常广泛，早已不仅是聊天对话。

现在，Bot 这个词，在大模型时代往往和智能体混用，将来可能会被智能体取代，两者也可能长期并存。

智能体（Agent）即智能代理，Agent 本义是代理，也被称为 AI Agent，或 AI Bot。智能体可以看成更强的 Bot，是能感知和理解环境、自主决策和行动执行的智能实体，它具有自主性、交互性、反应性和主动适应性等智能特性。智能体一般是指软件，它可以用在自动驾驶汽车、机器人等物理设备里，这使其有具身智能；也可以软件形式独立存在，这时实际上就是虚拟机器人，它能代理人类的许多工作和任务，是强大的智能助手。

虚拟机器人有很长的历史，单是聊天机器人的历史就可以追溯到 AI 史前。1950 年，计算机和 AI 科学的前驱人物阿兰·图灵提出了有名的图灵测试——让机器和人对话，如果人不能识别对方是机器，则说明机器具有智能，是“思考的机器”。图灵测试的设计，也被看成聊天机器人和智能体的思想开端。

1966 年，麻省理工学院的计算机科学家约瑟夫·维森班（Joseph Weizenbaum）开发出第一个可以对话的聊天机器人艾丽莎（Eliza）。艾丽莎的角色设定为一个精神治疗医师，可以和人聊心理情绪方面的问题。尽管艾丽莎无法理解对方语言的含义，仅是模拟了心理治疗中的简单会谈，但初次对话的人仍然感到惊讶和欣喜，觉得是和真人聊天。

20 世纪 80 年代，智能体概念进入人工智能领域，1986 年由 AI 奠基人之一的马文・明斯基提出。彼时，专家系统兴起，并成为智能体的早期应用之一。

2011 年 2 月，在美国综艺节目《危险边缘》中打败人类的 IBM 沃森（Watson）是一个很高级的聊天机器人系统，具有很强的自然语言处理、信息检索、知识表达和推理、机器学习等能力。这时的聊天机器人，功能得到很大提升，应用也广泛起来。

虽然 Bot 历史悠久，但热潮真正掀起还是近年的事情。2016 年，Bot 发展进入一个高潮。

在这一年，科技巨头们对 Bot 的应用与开发表现出前所未有的重视。2016 年 6 月，Meta 发布了 Bot 开发平台，希望在 Facebook Messenger 上量产聊天机器人。很快，有 2 万多名开发人员注册了 Meta 的 Bot 开发引擎，很快开发出 3 万多个 Bot。

2016 年 9 月，谷歌收购了为 Bot 开发者提供工具的 API.AI 团队。API.AI 作为聊天机器人开发平台，可提供语音识别、语义理解、上下文管理等技术支持，并鼓励开发者针对特定机器人的独特需求提供领域知识，来强化聊天机器人智能。Bot 当年在谷歌的热度，从一个侧面可以看出：著名未来学家、奇点理论鼓吹者雷・库兹韦尔（Ray Kurzweil）在奇点论坛上宣告，他和他的谷歌团队正在做聊天机器人。

在聊天机器人方面布局很早的微软更是当仁不让。微软推出了开发框架 Bot Framework，鼓励第三方制作 Bot。微软 CEO 萨蒂亚・纳德拉（Satya Nadella）说，聊天机器人"将从根本上变革所有人的体验方式"。他的话表明，聊天机器人成为微软战略的中心和竞争利器。

而握有 Siri 王牌，在聊天机器人领域自成一体的苹果公司，也改变了封闭传统，对第三方开放 Siri 语音接口，首批支持 Siri 的包括微信、支付宝等源于中国的应用。

苹果之所以开放 Siri 语音接口，是因为当时语音交互的各种 Bot 正在疯狂生长，应用和开发者数量增加的速度，远远超过当年移动终端上 App 兴起之趋势，而且开始出现了 Bot Store（虚拟机器人应用商店），直接挑战苹果公司的 App Store（应用程序商店）。这种 Bot 将大量取代 App 的趋势，让苹果公司不敢掉以轻心。

当年的虚拟机器人大戏今天又重演，只不过主角从 Bot 变成了智能体，而且，2024 年之后的智能体热，远非 2016 年的 Bot 热可比。

第二节　智能体崛起

为什么智能体在今天会像 Bot 在 2016 年那样突然走红？这有两个重要的原因，一是 AI 近年来的突破性发展，尤其是深度学习和大数据的应用，使以前很复杂的语音识别和自然语言处理等技术变得越来越普及，尤其到了多模态大模型时代，文本、音频、图像、视频等信息得到融合处理和生成，自主执行复杂任务的智能体开发技术门槛大幅下降；二是我们需要更智能、更高效且使用更简单的任务代理和助手。

2024 年，智能体热潮掀起，国内外大模型上的智能体开发支持平台风起云涌。

2023 年 11 月，OpenAI 在首届开发者大会上抢先推出智能体开发平台 GPTs Builder，用户可自定义 GPT 功能，开发供其他人使用的智能体，并在 2024 年 1 月上线智能体商店 GPT Store，打造自己的服务生态、寻找新收入来源。很快，用户创建的智能体数量达到 300 万。《纽约时报》称，OpenAI 努力将 ChatGPT 转化为赚钱业务。

2024 年 4 月，谷歌推出 Vertex AI Agent Builder 智能体开发平台，支持无代码开发智能体，甚至可以用在各种企业级应用场景，而且能在谷歌的强大的生态环境中部署。

国内的大模型厂商也行动迅速，纷纷发布智能体开发工具和支持平台。

2024 年 2 月，字节跳动的一站式 AI 开发平台 Coze（扣子）上线，这是可视化对话系统构建工具，用户不需要编程知识或只需要少量编程知识，即可基于大模型搭建各类智能体，让非开发者也能轻松打造智能虚拟机器人。Coze 降低了 AI 聊天机器人开发门槛和成本，还提供智能体商店，覆盖广泛的应用领域。

2024 年 4 月，百度推出文心智能体平台 AgentBuilder，支持零代码、低代码等多种开发模式，不懂代码的用户也可用自然语言开发出功能强大的智能体，实现了 CEO 李彦宏之前的预言："以后不会存在'程序员'这种职业了，因为只要会说话，人人都会具备程序员的能力。"到 2024 年底，百度智能体平台已经吸引了 15 万家企业和 80 万名开发者。

2024 年 5 月，腾讯发布元器智能体创建和分发平台，同样是支持无代码开发的智能体构建平台，同样开设了智能体商店，优势是与腾讯生态系统紧密集成，智能体可以一键分发到腾讯的多个平台和渠道。

还有清华智谱清言的GLMs、阿里的通义千问、百川智能、讯飞星火等大模型，都支持用户简便高效地开发智能体。

正像几年前的Bot一样，智能体作为大模型时代人工智能应用的重要场景，正迎来爆发增长。智能体将成为人类无处不在的忠诚高效代理。

第三节　数字人来了

智能体这个AIGC时代的新产物，随着技术不断进步，变得更加智能和自主，会越来越强大。虚拟机器人会无处不在，出现在我们可以想到的一切领域。数字人，或者叫虚拟人，也是智能体应用的一个重要而有趣的领域。

数字人（Digital Human）早已从科幻概念走入现实生活。它是具备人类外观形象、声音、肢体动作或思维，并在大模型支撑下能交互、学习、行动、自主决策的智能体。根据应用场景和功能，数字人可分为媒介数字人、服务数字人和专业数字人三大类。

媒介数字人在信息传播中将互动性和趣味性提升至新高度。它们具有逼真形象、流畅语言表达，甚至情感交流功能，可24小时不间断直播，AI主持人、AI带货主播等已成为媒体和电商平台的常客。数字人还广泛应用于短视频领域，让工作繁忙的企业家和名人有了数字人分身。

服务数字人在政务、电商、电信、金融、文旅等领域能提供智能问答、业务办理、产品介绍、解说导游、美食推荐等服务，成为企业和机构的重要助手。现在高智能的数字人已可进行咨询服务，担负数字客服经理等较高级的角色。

专业数字人用于要求较高的专业领域。在医疗领域，数字人可作为医生的辅助工具，提供诊断建议、手术模拟等。在教育领域，数字人可成为学生的学习伙伴和教师的教学助手，提供个性化学习和教学支持。

随着AIGC的崛起，数字人的制作和运营发生了根本变化，数字人生产效率大幅提升和成本大幅降低，推动了产业向规模化发展。据中国互联网协会发布的《中国数字人发展报告〔2024〕》，2024年是数字人全面应用之年，预计2025年中国数字人带动的产业市场规模和核心市场规模分别可达到6 402.7亿元和480.6亿元。

数字人之所以现在爆发，是因为在多模态大模型出现之前，数字人构建十分复杂，成本高昂，而且效果不好。现在多模态大模型支持的智能体应用开始普及，一切都变简单了，普通数字人到了人人都可构建的阶段，质量也不错，而高水平的专业数字人，达到与真人真假难辨的程度。

2024年3月1日，商汤科技创始人、著名AI科学家汤晓鸥如期出现在公司年会的大屏幕上。每年的年会上，他的讲演都是最受员工欢迎的，因为他的讲演生动、风趣、幽默，像脱口秀，已经成为公司年会的保留节目。这次一如既往，汤晓鸥神采奕奕，谈笑风生，聊起刚发生的新鲜事，还与台下员工互动，说累了，不忘端起水杯喝口水。可是，汤晓鸥在这次年会的几个月前已不幸逝世。他的这次逼真且精彩的讲演，是用数字人实现的。数字人让汤晓鸥与缅怀他的员工们进行了一场跨越时空的重逢。

汤晓鸥重现给了人们启示。数字人的发展，不但可以让逝去的人类再现，还可根据他生前的丰富数据并结合现实情况，与身后的世界交互。他过去的形象、思想和行为，不仅可以被纪念和缅怀，甚至还可以产生影响。

想一想，如果苏格拉底和孔子这样的哲人以数字人的方式重现，与今天的我们探讨、恳谈，那会是什么场面？

数字人会使人类永生吗？这是有趣的新课题。

第四节 虚拟机器人大显神通

虚拟机器人早已在银行、电信和各种服务性平台中广泛使用，这是很好的虚拟机器人的应用实例。在这些行业中，聊天机器人在智能客服系统中已经发挥相当大的作用，现在正在升级为能力更强的智能体，代替人进行重复且复杂的劳动，满足人力密集型客服业的刚需。

以对话型智能体为例，大部分智能客服所实现的功能，都建立在大模型及企业知识库的基础上。企业知识库包含了三个部分——基础知识对话库、领域知识库以及领域业务库。基础知识对话库支持通用程度较高、与业务无关的日常对话；领域知识库支持回复客户可能咨询的业务相关问题，是自动回复的关键部分；领域业务库则存储业务流程，支持将客户引导至具体咨询问题的解决环节。随着客户咨询量的增多，所获得的大数据通过机器学习改善智能体，逐步提高客服机器人回复的准确程度。

中国建设银行是全球第二大银行，智能客服系统每日能处理600 万交互量，这相当于 6 000 个客服座席的工作量，每月可减少 200 万次电话通话，节省 4 000 万元人民币。

金融业中的智能体作用远不止于这些，虚拟机器人早已介入从投资决策到股票交易的全部活动。而在 IT 行业，虚拟机器人一直在监控服务器运行，自动修复漏洞；在办公室，会为人们安排会议日程、出差行程；在人事部门，会自动进行员工背景、简历的调查审核，辅助人事管理；在商业公司，智能体自动分析市场信息，甚至在销售之前就能预估产品的销售情况；在媒体行业，智能体可采集、整理新闻数据，自动撰写新闻报道……

无论是对话型智能体，还是大量的非对话型智能体，目前都在迅猛发展。我们身边，虚拟机器人无形，却无处不在、无时不在。

2024 年巴黎奥运会，是 AI 大放异彩的一届夏季奥运会，AI 活跃于奥运会赛场内外，让大家深切感受到科技的巨大影响。与往届不同的是，本次可以说是 AIGC 在奥运会上的首秀，多模态大模型支持的智能体表现尤其引人关注。

除了全球传统媒体纷纷采用 AI 技术增强奥运报道的竞争力，AI 公司也充分利用大模型支持的智能体来参与奥运会的报道，为观众服务。我国拿到央视奥运转播权的咪咕视频、腾讯视频、抖音、快手四家视频平台和没拿到转播权的平台，都在自己的大模型上大量部署奥运专用智能体。

字节跳动的豆包携手跳水奥运冠军吴敏霞、羽毛球奥运冠军林丹、体育解说员刘语熙等，共同打造专属奥运智能体，还有“AI 带你解读奥运”专区，用户可在豆包中观看和畅聊奥运话题。

百度文心一言推出了一系列奥运专属智能体，包含奥运文案写手、奥运八卦扭蛋机、奥运规则怪谈等。用户与奥运智能体互动，可获得最新潮的奥运观赛体验。

阿里通义千问同样开辟了巴黎奥运智能体专栏板块，有“赛事百事通”“全民云运动”“通义照相馆”等趣味应用，提供赛事一手消息，让人足不出户便可感受奥运风采。

各个智能体无休无止地与观众互动，陪大家看奥运、聊奥运，让观众获得了从未有过的新鲜体验。

智能体在巴黎奥运会上的惊艳表现，只不过是它在全社会应用的一个缩影。随着AI应用的深入，无形的虚拟机器人会如影随形地大量出现在我们的生活和工作中，它们和有形的机器人一样，是我们忠实的朋友和助手。

13

|第十三章| CHAPTER

飞翔的机器——无人机的广阔天地

一场智能化的战争，让无人机第一次成为战场上的重要力量。

第一节　俄乌冲突中的无人机

2022 年初开始的俄乌军事冲突，到现在还没有平息。在这场冲突中出现了一个重要角色，它不断制造事件，引起伤亡，成为新闻报道的焦点。智能化战争中的这个新角色，就是我们现在已经很熟悉的无人机。

在战争中大规模使用无人机，这是第一次。在人们严重担忧的同时，军事专家们不得不面对这个新问题。

专家指出，俄乌冲突爆发以来，随战场态势转换，战术打法从初期的闪击战到中期的堑壕战、阵地战，开始转向后期的无人作战。交战双方均投入大量无人机，配合航空兵、炮兵、装甲兵等兵种力量执行多样化的攻防任务。大中型无人机会产生高额的作战消耗，投入与作战效果不匹配，故小型、轻型和微型战术无人机成为作战主体，在高烈度地面攻防中展示出较高作战效费比，发挥了不可替代的作用。

俄乌双方到底使用了多少无人机，目前尚不清楚。但有专家从公布的战果分析，截至 2023 年底，双方被摧毁的无人机数量已分别达 1 717 架、2 741 架；而 2024 这一年，双方损失的无人机都超过 1 万架，估计参战无人机远超这个数量。

从这场智能化战争中可以看出，无人化作战系统的优势在于无人，无人系统不会因为精力、体力、情感等人的因素影响作战效果。而且，与其他火力单元相比，无人机在作战中具备作战效费比高的优势。从价值对比看，一枚防空导弹的造价通常在几十万至几百万美元之间，而自杀式无人机的生产成本多为一两万美元，即使无人机被对方拦截，其消耗成本都远远高于无人机本身。所以，在消耗战中，无人机的可消耗性对打赢持久战具有重要意义。

由于无人机在战争中具有这些优势和作用，故使用越来越广泛。在各种军事冲突中，都能看到无人机的身影，它们已经成为今天和未来战争中不可或缺的重要角色，有时成为决定性角色。

悲惨的战争，让无人机对人类社会的影响被看得更清楚。

第二节　漫长的发展史

无人机是移动机器人中的一个大家族。无人机（Unmanned Aerial Vehicle，UAV）是用无线遥控设备或自主控制设备控制飞行的不载人飞机，分为固定翼无人机、单旋翼无人机和多旋翼无人机（后两种都称为直升机）等。按应用领域，无人机分为军用与民用两种。军用无人机有侦察机、察打一体机、靶机等。曾经有一种观点认为，大多数无人机还不能脱离人的操纵，算不上自主机器人，与AI的联系并不密切。但随着无人机技术和应用的发展，AI已经一步步融入无人机领域，发挥越来越大的作用。

无人机发展历史非常悠久，在莱特兄弟第一架飞机飞行成功之后不到20年，彼得·库珀（Peter Cooper）和埃尔默·斯佩里（Elmer Sperry）于1917年就发明了第一台自动陀螺稳定器，并将美国海军教练机改装为首架无人飞行器。不过，这个无人飞行器还不能回收，有去无回，只能作炸弹使用。所以，一般认为英国的德·哈维兰公司20世纪30年代生产的可无线电遥控回收的蜂后无人机，才是第一架真正意义上的无人机。

之后，无人机的主要用途是军事领域，从第二次世界大战到目前的反恐军事行动，无人机越来越多地充当重要角色。20世纪60年代到20世纪70年代的越南战争中，美军开始使用无人机完成军事任务，以减少飞行员的伤亡。20世纪70年代到20世纪80年代的中东战争中，以色列成功使用无人机完成侦察和释放诱饵消耗对方导弹的任务，创造了飞行员零死亡的奇迹。长期以来，无人机主要用于军事、高度保密的特征使其蒙上了神秘面纱。

军用无人机多为固定翼无人机，虽然20世纪20年代美国军方就有四旋翼直升机出现，直升机在军事上也得到大量使用，但旋翼无人机在军事上的大规模应用实际上还晚于民用。旋翼无人机虽然速度慢，但飞行稳定、可以悬停、操控性好，20世纪90年代初开始出现在民用领域。

无人机民用的条件也在一天天成熟，电子技术的微型化发展，使电子器件变得微小而便宜。比如，无人机飞行必须装备的GPS系统，刚推出的时候重达数十磅（1磅为0.454千克），现在一块GPS芯片，只有0.3克。电机和电池也在小型化。同时，非常复杂的飞行控制系统已经能够安装在重量1千克左右的消费级无人机上。

2010年，法国Parrot公司推出了第一款消费级四旋翼无人机AR Drones。Drone在英语中是雄蜂和嗡嗡声的意思，也指无人机。Parrot公司的AR Drones虽然受欢迎，但离大规模普及还有很远的距离。无人机的神秘面纱最终被揭开并在消费级民用领域大放异彩，与一位中国人有很大关系。

第三节　汪滔与大疆

2006年，一个叫汪滔的年轻人在深圳的居民楼里创办了一家公司，这就是今天全球闻名的大疆（DJI）公司。汪滔1980年生于杭州，高中毕业后考入华东师范大学。与一般大学生不同，到了大三他没有继续读下去，而是退学想去麻省理工学院、斯坦福大学这样的世界一流大学。愿望虽然没有实现，但香港科技大学电子与计算机工程学系最后录取了他。

2005年，汪滔要准备毕业设计课题了，做什么呢？作为航模爱好者的他，想到了遥控直升机的飞控系统。遗憾的是，他和两位同学的这次毕业设计失败了，演示时，本应悬停在空中的直升机摔了下来，得了很差的成绩C，汪滔失去了去欧美名校深造的机会。

幸运的是，香港科技大学自动化技术中心主任李泽湘看好汪滔和他的方向。这位曾经在麻省理工学院 AI 实验室工作过的教授，是机器人专家。李泽湘不但愿意担任汪滔的研究生导师，还支持他边读研究生边在这个领域创业。李泽湘当时还兼任哈尔滨工业大学深圳研究生院特聘教授，他向汪滔引荐了哈尔滨工业大学的青年女教师、刚从美国犹他大学机器人专业学成归来的博士朱晓蕊。朱博士是移动机器人专家，在她的参与和大家的通力合作下，大疆公司的无人机飞控系统有了突破性进展。

飞控系统是无人机的大脑，大疆公司的飞控系统起点非常高，把以前很复杂的、需要专业操纵手操作的无人机，变成了几乎人人都可以操纵的“傻瓜无人机”，这实际上是消费级无人机的一场静悄悄的革命。

汪滔是乔布斯那样的完美主义者，他不但要求无人机的性能、制造工艺完美，连包装、说明书等也要求完美。2012 年，大疆推出了“精灵”（Phantom）四旋翼无人机，成为消费级无人机的标杆，很快风靡世界。

大疆无人机在全球大卖，在西方已经成为圣诞节的重要礼物，还频频出现在著名影视节目中，连美国军方也开始采购大疆无人机，由此可见其流行程度。美国《机器人商业评论》（RBR）评出的 2016 年度全球最具影响力 50 家机器人公司中，大疆公司名列第 12。

大疆的产品线已涵盖了消费级、专业级和工业级无人机，全球市场占有率超过 70%，在北美和欧洲，市场份额分别高达 76.1% 和 80%，在全球享有极高的声誉。所以，尽管自 2016 年以来美国对大疆进行了多轮无理制裁，但讽刺的是，美国的消费者和机构仍然大量使用大疆无人机，大疆的全球领军地位没有动摇。

第四节　给硅谷狂人上了一课

大疆无人机的国际竞争力，在一个典型案例中充分显现。《福布斯》网站曾讲述了美国最有名的无人机公司 3D Robotics 败给大疆的悲惨故事。3D Robotics 的创办者克里斯·安德森（Chris Anderson）是美国名人，他是《连线》杂志的前主编，也是畅销书《长尾理论》《新工业革命》等的作者。

一般人不知道的是，安德森还是无人机爱好者，早在 2007 年就创办了网上无人机爱好者社区 DIY Drone。顺理成章，他邀约了另外一位无人机爱好者，两人在 2009 年创立了 3D Robotics 公司。2012 年 11 月，安德森获得了 500 万美元的风险投资，第二年又得到 3 000 万美元。

安德森信心满满地宣称："正如个人计算机在 20 世纪 70 年代诞生和兴起，个人无人机也将在这十年里崛起""我们正在进入无人机时代"。

安德森认为，消费级无人机是一块几十亿美元的大蛋糕，而他的公司作为该领域美国领军企业，理所当然地会切到最大的一块。他似乎全然不见大洋彼岸还有中国大疆公司这样的先行者。这样的盲目，连员工也称之为"典型的硅谷狂妄自大症"。

与大疆无人机在市场上较量的无情结果是，安德森烧掉 1 亿美元却看不到一点希望，无奈于 2016 年宣布退出无人机市场。大疆无人机给安德森这位硅谷狂人上了宝贵的一课。

安德森和同事们把失败的原因归结为，大疆公司在深圳拥有强大的智能硬件制造垂直产业支撑体系，而 3D Robotics 却不具备。这样的认识只对了一半。大疆公司和其他中国无人机公司的研发能力也同样出色。截至 2024 年，大疆公司在全球已提交专利申请达 12 213 件，国际专利申请达 4 871 件，它的技术实力可见一斑。

大疆无人机表现出色，与 AI 应用密切相关，在智能飞行控制、自主导航、目标识别与跟踪、智能拍摄与编辑等方面，为无人机智能化发展树立了标杆。大疆的成功还带动了一大批中国企业投入无人机产业，在中国形成了完整而强大的产业链。中国无人机公司，现在和未来都是潮流的引领者。

第五节　广阔的应用领域

无人机广泛用于摄影航拍、影视、新闻、公安、消防、灾害救援、遥感测绘、电力、野生动物保护、森林火情监控等领域，而且这份名单还在迅速增加之中。

在农业领域，2015 年大疆公司就推出智能农业植保机。2024 年 11 月发布的 T100 和 T70 新机型，每天可作业 1 400 ～ 2 300 亩，是人工喷洒的 200 倍，每亩成本不过 0.2 元左右。

在电子商务领域，用无人机解决物流问题是一个大胆的设想。2013 年亚马逊提出无人机送货后，服务不断成熟。2024 年 10 月获得 FAA（美国联邦航空管理局）的运营许可，这是美国电商物流领域首例获许可的无人机服务。无人机能将重 5 磅以内的包裹运送到配送中心附近的地址，可覆盖超过 5 万种商品。这让客户在下单后的 30 分钟内就能收到所购买的物品。

中国企业同样较早就在探索物流领域无人机应用，中国电商物流业在全球发展迅猛，又挟无人机制造强国优势，发展目标更显宏远。

京东2015年就开始探索无人机配送。2016年在江苏宿迁完成了“无人机送货第一单”，测试用无人机往农村送货。京东在2017年建立全球首个无人机调度中心，之后自研了多型号的物流无人机，建设干线、支线、终端三个层次的无人机物流配送和通航物流体系以及空地一体化智能物流网络。

顺丰、美团等巨头也竞相布局无人机物流赛道。2018年，顺丰建立的丰翼科技，是它旗下的无人机物流公司。2024年初，丰翼科技获得全国首张无人机物流运营许可证。同年5月，丰翼科技上线无人机索降投送服务，用户通过二维码选购物资，10分钟左右，无人机就能将物资投放在指定地点。丰翼无人机物流在大湾区已常态化运营，2024年6月日均运输量突破2万单。丰翼科技还在全国打造“干线大型有人运输机 + 支线大型无人机 + 末端小型无人机”的三段式航空运输网络。

美团于2023年7月发布第四代无人机新机型，同时发布了由无人机、智能化调度系统及高效率运营体系三部分组成的城市低空物流解决方案，可提供3公里半径端到端零售物品配送、15分钟到达的服务。

中国的无人机应用已走在世界前列。

第六节　微小型化与集群应用

微小型化，是无人机发展趋势之一。荷兰代尔夫特理工大学的微型飞行器实验室开发出“口袋无人机”，每个无人机仅有手掌大小，能飞入室内，在建筑物遭到严重破坏的情况下可帮助救援人员搜索幸存者。而哈佛大学一直在DARPA（美国国防部先进研究计划局）的资助下研究昆虫那么小的微型机器人RoboBee（机器人蜜蜂）。哈佛大学的威斯生物工程研究所已经开发出翼展3厘米、重量80毫克并能实时控制的机器人蜜蜂，未来能像昆虫一样在农田监测作物生长环境，甚至像真正的蜜蜂一样为植物授粉，当然也能用于军事。

无人机的微小型化，为集群应用打下基础。集群应用是无人机发展的另一趋势。

2017年2月11日夜晚，广州农历鸡年元宵音乐会在海心沙广场举办，广州交响乐团的音乐家们在海心沙广场的舞台演出，当《黄河》交响曲第三乐章旋律响起，一千架携带LED绚丽灯光的无人机庞大机群升上夜空。

随着音乐声，机群流光溢彩的灯光，在天幕上画出迎新年的金鸡，写出“2017”和“福”字，组成巨幅中国地图。最后，“1000”这个数字出现在夜空，这场名为“天幕流星·千机变”的华丽无人机集群表演打破了吉尼斯世界纪录。而这样的无人机集群表演，现在已经成为国内外盛大活动中的常见节目，中国高水平无人机表演团队还经常被邀请出国演出。

无人机表演只不过是无人机集群应用新趋势的展示。体积小巧、成本低廉的无人机集群，像鸟群一样在天空自由飞翔，因此可带来的新应用场景，几乎有无穷的想象空间。

在军事上，集群无人机可能会成为战场上的致命武器。当自组织的集群无人机铺天盖地飞来，现有各种武器组成的火力网和防线很难抵挡。美国就曾经从F/A-18战斗机上发射了103架小型Perdix无人机。这种一次性无人机重量仅几百克，采用3D打印技术制成，可作为诱饵干扰并定位对方雷达，从而破坏敌方的防空系统。

美国海军也在开发成本低于导弹的集群无人机。美国海军陆战队的计划更是雄心勃勃，他们的目标是在陆海空广泛应用一系列无人机。这些无人机可成为第一波侦察、定位并实施攻击的重要力量。

中国军用无人机集群应用同样引人瞩目。2016 年 11 月珠海航展上，中国电子科技集团展示了我国首个固定翼无人机集群试验原型系统，实现了 67 架规模的集群原理验证，打破之前由美国海军保持的 50 架固定翼无人机集群的世界纪录。

2017 年 6 月，中国电子科技集团再次创造了这一领域的新纪录。试验中，我国的 119 架小型固定翼无人机成功演示了密集弹射起飞、空中集结、多目标分组、编队合围、集群行动等动作。这标志着智能无人集群应用的又一突破，奠定了我国在该领域的领先地位。2024 年 11 月的珠海航展上，首次亮相的中国蜂群 2 号陆战车，单车就可发射 48 架固定翼无人机，每架都可搭载光电侦察、打击弹药等多样化载荷，且可任意组合，形成功能多样、可完成复杂任务的无人机蜂群，为战争提供强大战力。

智能无人系统专家赵彦杰表示，智能无人集群成为改变游戏规则的颠覆性力量，将重新定义未来力量的形态。

第七节　无人机的未来

尽管无人机在民用和军用领域已经取得如此成就，但未来的前景更为广阔。清华大学自动控制专家、中国工程院院士吴澄表示：自主无人系统是 AI 新高潮的产物。美国国防部曾经制订《2005—2030 年无人机系统路线图》，把无人机的发展分为 10 个等级。等级从低到高依次是：遥控引导、实施健康故障诊断、自修复与自适应、在线航路重规划、团队协调、团队战术重规划、团队战术目标、分布式控制、团队战略目标、完全自主群体。

这一路线图虽然着眼于军事用途，但也常用于民用无人机，是衡量无人机发展水平的重要标志。吴澄院士认为，到 2030 年，我国无人机将实现全空域、全行业应用覆盖率达 50%，自主能力达到 9 到 10 级目标。这是一个很高的目标，现在美国主要的军用无人机水平也仅达到 5 到 6 级。

在无人机的民用领域，中国一直走在世界前列，还大力发展低空经济。2024 年，低空经济首次写入政府工作报告，标志着无人机应用成为国家战略性新兴产业。工信部等四部门联合发布的《通用航空装备创新应用实施方案（2024—2030 年）》提出，到 2030 年形成万亿级市场规模。地方政府的积极性也很高，全国已有 29 个省（区、市）将低空经济纳入政府工作规划。

低空经济涉及领域很广，如低空旅游、空中通勤、空中物流、农业、电信和电力行业、紧急救援等，还有装备制造和基础设施建设等。未来低空经济会是一个很大的经济门类。

发展低空经济涉及安全和管理。如何管理好漫天飞舞的无人机，是一个很大难题，对有序飞行和安全管理提出很高要求。2016 年 1 月，美国 FAA 作出规定，0.5 磅以上无人机拥有者，必须进行身份认定。中国民航总局也规定，从 2017 年 6 月 1 日起，250 克以上无人机的拥有者要进行实名登记。我国《无人驾驶航空器飞行管理暂行条例》也自 2024 年 1 月 1 日起施行。无人机相关法律制度的不断制定完善，保障了无人机和低空的合规合理管理。国家发展改革委低空经济发展司这个新机构也在 2024 年 12 月亮相，这体现了国家对这个新兴产业领域的重视。

智能无人机广泛使用，低空经济兴起，这是人类社会的一次重要进步。无人机将日常生活和工作从二维世界拓展到三维世界，机遇和挑战同时向我们走来。中国是全球最大无人机制造基地，也是全球民用无人机第一大技术专利来源国，中国将在全球低空经济领域占据重要地位。

14

|第十四章| CHAPTER

智能交通革命——自动驾驶的梦想与现实

武汉街头的无人出租车，悄悄拉开了一场激烈竞争的帷幕。

第一节　萝卜快跑悄悄上路

2022 年 5 月 10 日武汉经开区街头，一辆印有萝卜快跑标识的白色小轿车靠向路边，乘客打开车门坐进去，旁边眼尖的人发现，驾驶员座位上空荡荡。原来，从这一天起，无人出租车开始在武汉试营服务，百度旗下的萝卜快跑悄悄上路了。

关心无人车的人们，早就知道自动驾驶公司已在全球各地开展路测，但中国的无人出租车（Robotaxi）在武汉出现，还是让人感到惊喜。到 2024 年 7 月，武汉萝卜快跑无人驾驶出租车数量约 400 辆，服务覆盖了主要城区。市民对萝卜快跑的服务比较满意，认为价格合理、安全舒适，所以订单量暴增，单日单车峰值超过 20 单，与普通出租车单日订单量达到同一水平。到 2024 年 10 月，百度发布三季度财报，全国 10 多个城市已有 2 000

辆萝卜快跑试运营和路测，月订单量 98 万，总服务人数超过 800 万。

萝卜快跑名字真好，是 Robotaxi 的谐音，暗含中国自动驾驶“必须快跑”的发展决心，大洋彼岸，洋萝卜们也在加速。谷歌母公司 Alphabet 旗下的自动驾驶公司 Waymo 也在美国多个城市开展了 Robotaxi 服务，并在 2024 年 8 月份在旧金山的日均订单量已超 8 800，超同期出租车日均 6 307 订单。Waymo 正准备布局全球，已在日本开始路测。特斯拉 2024 年 10 月公布无人驾驶出租车项目，准备 2025 年在美国一些城市运营。2024 年 12 月又推出 FSD（Full Self-Driving，全自动驾驶）系统最新版本，马斯克说它比人类驾驶员更安全。特斯拉早已在全球申请使用 FSD，在中国也提出了申请，正等待监管部门批准。FSD 的应用，会大大增强特斯拉的行业竞争力。

自动驾驶包括 Robotaxi 服务，它需要强大的 AI 技术支撑，涉及的产业范围很广，是世界各国竞争的制高点之一，所以全球政府都给它开了绿灯，各国科技企业都在快跑。中国除了百度，小马智行、文远知行、小米汽车等都在发力。但百度从 2013 年起就深耕自动驾驶，目前领跑也不奇怪。萝卜快跑预计到 2024 年底在武汉实现营收平衡，到 2025 全面盈利，这样的态势也会给中国自动驾驶产业很强信心，带动行业整体快跑。

第二节　自动驾驶的概念与无人车的历史

武汉街头的自动驾驶出租车也叫无人车，无人车和无人机一样，属于 AI 领域的一个大类，即移动机器人。自动驾驶和无人车的相关概念非常混乱，智能驾驶、自动驾驶、无人驾驶这些名词常常纠缠在一起。国际汽车工程师协会（SAE International，前身为汽车工程师协会）定义了自动驾驶从 0 级到 5 级的 6 个级别，分别为无自动化驾驶、辅助驾驶、部分自动化驾驶、有条件自动化驾驶、高度自动化驾驶、全自动化驾驶，6 个级别一般简称为 L0 ～ L5 级。

L1 到 L3 级虽然也可以称为智能驾驶，却需要人来处理行驶过程中的情况，不是完全意义上的自动驾驶，更不能称为无人驾驶。在 L4 级智能驾驶中，汽车可自行处理所有行驶相关任务，但要严格限定在封闭停车场或高速专用车道等特定场景，这时可以说是自动驾驶，或者说特定场景的无人驾驶。L5 级是全工况全自动化汽车，只有达到这个级别才可称为无人驾驶，无人驾驶汽车即无人车。由此可见，智能驾驶概念涵盖很宽，自动驾驶标准很高，而无人驾驶标准最高，是顶级目标。萝卜快跑，目前一般认为属于 L4 级。

虽然无人驾驶车有如此高的标准要求，但无人车的研究历史却非常久远。1921 年在《无线电杂志》中就报道过无线电遥控车辆。在第二次世界大战中，苏联的无线电遥控坦克曾投入对芬兰和德国的实战。而英国和德国在二战中同样开发过无线电遥控坦克和其他无人车辆。

20 世纪 60 年代，在美国国防部高级研究计划局（DARPA）资助的 AI 项目中，就有移动机器人 Shakey，目标是成为自主或半自主机器人。Shakey 是一个有轮子的平台，装有电视摄像机、传感器和计算机，可完成导航等任务，在当时已经是很先进的无人车了。在 20 世纪，全球无人车研究项目都主要用于军事，DARPA 一直在大规模资助自主陆地车辆（Autonomous Land Vehicle，ALV）的研究。

第三节　伊拉克战场引发的无人车挑战赛

进入 21 世纪，发生了一件对无人驾驶车辆发展起到很大促进作用的大事，让无人车研究迅速从军用扩展到民用。那些年，许多驻伊拉克美军士兵死于路边炸弹，军方对使用智能无人车的需求越来越迫切。而直到 2002 年，由军方资助的无人车研制项目已进行了十多年，却只造出几台又笨又慢的样车，令人大失所望。

于是在这一年，DARPA 决定另辟蹊径，举办一项奖金为 100 万美元的公开竞赛，吸引更多的团队投入研究。2003 年 2 月，DARPA 局长安东尼·泰瑟尔（Anthony Tether）高调宣布，将于 2004 年 3 月在内华达州莫哈维沙漠举行首届智能车挑战大赛（Grand Challenge）。比赛如期举行，却没有一辆智能车跑完全程。

第二年情况大变。DARPA 把 2005 年第二届挑战赛的奖金翻倍，提升到 200 万美元。重赏之下必有勇夫，这一年有 5 辆无人车跑完全程，斯坦福大学的斯坦利（Stanley）无人车夺得桂冠，研发负责人和领队是该校 AI 实验室主任塞巴斯蒂安·特隆（Sebastian Thrun）。这位硅谷传奇人物，是德国出生、高中时代就自己编制魔方程序的天才，他与许多著名机器人有关。1997 年他开发的世界上第一个机器人导游，出现在波恩的德意志博物馆。而 1998 年，他的另一台机器人导游“米勒娃”，又在华盛顿的史密森国家历史博物馆迎宾。2002 年，他的护理机器人在匹兹堡附近的疗养院里服务。由于在 AI 和机器人领域成就显著，他 39 岁就当选美国工程院院士。

竞赛结束后，斯坦利无人车被送到史密森国家历史博物馆，这次是在“路上的机器人”永久展区的中心位置展出，以纪念它翻开了自动驾驶历史新的一页。

这场竞赛的结果意义重大。泰瑟尔指出，智能车挑战大赛的目标，不仅在于打造出军方可马上批量生产的智能无人车，还要激励众多工程设计高手对智能无人车开发过程中遇到的一系列难题进行攻关研究。他还说，我们要做的事情，是让那些以技术为由否定智能无人车可行性的种种说法不攻自破，今后让人再也不敢说这是做不到的。

第四节　民用研究乘势而上

泰瑟尔是对的，智能无人车开放性研究不但加速了军用无人车发展进程，还促进了相关技术大步走向民用。特隆声称：“这个领域的发展潜力惊人。自控车辆的重要意义将不亚于互联网。”特隆后来身体力行，加入谷歌公司领导无人车研发团队。

智能车挑战大赛提供的 212.4 公里赛道，有急弯、隧道、路口，还有山路，具有很强的实用性。而大赛中无人车使用的高精度差分 GPS、激光传感器、立体摄像、环境感知视觉系统等装备与技术，都是无人车民用进一步研发的技术基础。沿着这样的方向，无人车快速从军用走向民用。

谷歌公司动作很快，2009 年静悄悄地启动了自动驾驶项目，研发团队领军人物正是塞巴斯蒂安·特隆。在他的领导下，项目进展顺利，到 2010 年，谷歌的无人车已经进行了 14 万英里的测试。2012 年 4 月，谷歌公布了自己的无人车，命名为 10100，这正是 google 这个单词的词源。2012 年 5 月，在美国内华达州允许无人车上路的 3 个月后，谷歌的无人车得到合法车牌，为了警示，无人车车牌为红色。2014 年 12 月，谷歌宣布完成了第一辆无人车原型，和以前用现有汽车改装不同，这是一辆从设计到制造都从无人驾驶出发的全功能无人车。

谷歌无人车起步很早，但商业化进程却非常缓慢，2016 年 12 月无人驾驶部门才独立，建立名为 Waymo 的子公司。谷歌的无人车已经测试了超过百万英里，但一直有人在车上跟随，随时准备有异常情况时接管汽车驾驶。这实际上还处于 L3 级，即有条件自动化驾驶，严格说来还不算无人车。即便这样，2016 年谷歌的无人车在公司附近的山景城还是发生了一起与货车相撞的事故，给谷歌无人车前景蒙上阴影。

谷歌公司仅是无人车的积极推进者之一，自动驾驶的风潮早已席卷全球。2017 年 5 月 17 日，美国著名风投数据公司 CB Insights 发布了最新的自动驾驶企业名单，正在开发上路自动驾驶汽车技术的有影响的企业，由 2015 年的 25 家、2016 年的 33 家，增加到 2017 年的 44 家。

这份名单中，既有谷歌、微软、苹果、百度、华为、三星、英伟达、英特尔等知名 IT 企业，更有丰田、大众、通用、福特、宝马、奔驰、奥迪、日产、本田、沃尔沃等汽车巨头，还有优步（Uber)、滴滴这样新兴的网约车服务公司。重要的零部件提供商、卡车和巴士厂商也都挤进这份自动驾驶企业名单。给人的印象是该来的都来了，一个也不差。因为谁也不愿意错过自动驾驶这块巨大的蛋糕。丰田的态度最耐人寻味。2014 年丰田曾经声明，出于安全考虑不会开发无人车。话音刚落不久，一年后的 2015 年，丰田迅速转向，宣布在无人驾驶研究上投入 10 亿美元预算。丰田怎么敢错过这场世纪盛宴？

传统汽车巨头们相对比较谨慎务实，都把无人车的上路时间放在 2020 年以后，后来发生的情况，与这个时间表大致相符。

第五节　狂人马斯克

在自动驾驶商用上一马当先的，是特斯拉这样的汽车行业新秀。硅谷狂人埃隆·马斯克（Elon Musk）缔造的纯电动汽车生产商特斯拉，尽管是汽车行业的后来者，2008 年才推出第一款纯电动车，但一登台就引领风潮。马斯克是一位敢想敢干的创业家，甚至说是一位狂人，他敢于大胆梦想并一步步实现梦想。他给自己设定的目标是 2017 年底研发出能够从洛杉矶自动行驶到纽约的无人车。

事实上，特斯拉的自动驾驶辅助系统 Autopilot 从 2015 年已投入商用，很快装备在十几万辆特斯拉电动车上并迅速扩展到数十万辆，计划装入每一台特斯拉新车中。Autopilot 的意思是自动驾驶仪。特斯拉激进地把自动驾驶辅助系统命名为 Autopilot，吃了不小苦头。

2016 年 5 月 7 日，美国佛罗里达州的前海豹突击队队员约书亚·布朗（Joshua Brown）驾驶特斯拉 Model S 电动车，超速撞向垂直横穿公路的白色拖挂卡车，当即死亡。当时，汽车正处于 Autopilot 自动驾驶模式。由于布朗先生是名人，再加上大力宣传过 Autopilot 系统，这次夺命事故引起很大关注。虽然最后交通安全管理部门认定主要责任是驾驶员，但 Autopilot 的安全性依然引起广泛质疑。

使用特斯拉 Autopilot 车毁人亡的恶性事故其实更早在中国发生。2016 年 1 月 20 日在京港澳高速河北邯郸段，特斯拉 Model S 撞上正在作业的道路清扫车，交警判定死者负事故主要责任，当时汽车也处于 Autopilot 自动驾驶模式，驾驶员同样放弃了对汽车的操控。死者家属起诉特斯拉并索赔 1 万元，理由是特斯拉在营销过程中存在误导。这次事故在 2016 年 9 月 14 日由央视曝光后，特斯拉中国官网上删除了“自动驾驶”“无人驾驶”等用词，改称“Autopilot 自动辅助驾驶”。

对特斯拉汽车一系列事故的分析发现，事故的主要责任人都在驾驶员。但特斯拉对 Autopilot 的介绍与宣传，客观上导致驾驶员在使用 Autopilot 时双手离开方向盘，把汽车完全交由 Autopilot 操控，使得发生意外情况时驾驶员也不能及时接管。现在特斯拉对 Autopilot 软件进行了重大调整，即使在自动驾驶模式下，驾驶员也需要双手紧握方向盘。当驾驶员的双手离开方向盘几秒后，系统便会自动报警。如果警告被忽视，Autopilot 将自动退出，只有汽车熄火重启后，系统才能重新被激活。

让驾驶员彻底解放双手，看来并不那么容易。

马斯克仍然坚持认为，现有技术完全满足无人驾驶要求，2019 年可以实现完全无人驾驶，10 ～ 15 年内，大部分正在使用的轿车、卡车都会被无人驾驶车替换。他的这些预言，激发了全球无人驾驶的研究热情，科技公司推出一代代新产品。而特斯拉，更激进地于 2021 年发布 FSD Beta 版，FSD，即全自动驾驶。

第六节　不同的声音——无人驾驶还有多远?

与马斯克的乐观预言相比，认为无人驾驶还需走过漫漫长路的也大有人在，史蒂文·施多福（Steven E Shladover）就是其中一位。《环球科学》杂志曾经在 2015 年刊载过这位麻省理工学院博士、智能交通专家的文章《无人驾驶还需 60 年》，他对无人驾驶的未来持非常谨慎的态度。他预言，要达到 L5 级标准，实现全工况条件下的完全自主无人驾驶，要等到 2075 年，即使提前，也不会太早。

这样的预言，为滚烫的自动驾驶热潮浇下一桶冰水，值得认真思考。在 AI 领域中，无人车涉及的技术要比无人机复杂很多。

仅以软件来说，在开发新型商用或军用无人机时，软件开发和调试验证，要占去很大一部分费用。但是，无人机上使用的软件却远不如汽车自动驾驶系统那么复杂。设计无人机自动驾驶系统时，不需要特别考虑飞行过程中附近飞机的精确速度和位置，因为距离太远，总有足够的时间作出反应。无人机在飞行中，系统常常可以在指令下达数十秒后才制定出适宜的执行方案。而无人驾驶的汽车，行驶路途中前后都有很多车辆，可能出现突然闯入视野的障碍物，随时面临突发情况。任何情况下，汽车的自动驾驶系统都需要在几微秒之内做出决策，与无人机上使用的系统相比，汽车自动驾驶系统复杂度要高几个数量级。而且，汽车自动驾驶系统软件的安全性，同样需要长时间验证。

自动驾驶汽车的数据采集和处理，也是一项具有挑战性的工作。自动驾驶汽车配置大量的传感器，除了感知水温、燃油、发动机参数、速度等的传统传感器外，还有感知周围环境的摄像头、激光雷达、毫米波雷达、超声波雷达等，后面这些设备用来探测道路边界和车道标线、识别交通标志和红绿灯、探测和识别远近障碍物和行人。另外，还有感知位置的陀螺仪、GPS 等，以精确定位和判断行驶路线，进行正确导航。还有车内人机交互的语音感知和识别设备等。如果到了无人驾驶阶段，汽车上的大量传感器，每秒可生成 1GB 的数据。这些数据中很多都需要实时处理，以保证行驶安全。这对无人车的处理硬件和算法都提出了很高要求，处理功能强大的芯片和深度学习大模型已经开始应用在自动和无人驾驶汽车中。一台无人车，可以看成一套高度复杂、集 AI 技术大成的移动智能系统。

无人驾驶涉及的问题远不止这些，交通基础设施的智能化，以及相关法律的健全和完善、管理制度的进步、人们观念和认识变化等非技术层面的社会因素，都会决定无人驾驶进程的快慢。

计算机视觉和多模态大模型技术的发展，也正在深刻影响自动驾驶，加速了它的发展。现在萝卜快跑这样的 L4 级应用已经商业化，被人们认为非常遥远的 L5 级，也在进行实际研究。自动驾驶技术的快速发展，正在带来汽车行业脱胎换骨的智能升级，中国在这轮产业升级中，取得了竞争的主动权。

第七节　自动驾驶芯片战场

AI 技术的发展，半导体芯片一直是重要推手，到了深度学习进入大模型阶段，算力芯片（如 GPU）和存力芯片（即存储芯片）越来越引起关注。同样的，智能驾驶发展也离不开芯片驱动。对我国而言，自动驾驶芯片的战略作用更显突出，因为广泛使用自动驾驶芯片的 EV（电动汽车）已经成为中国的优势产业，自动驾驶芯片的发展，决定中国 EV 的未来和世界格局。在这一形同战场的领域，无数中国 AI 科学家在拼搏，自动驾驶芯片公司地平线的创始人余凯就是其中一位。

我们在第三章中已经认识了余凯，他曾是硅谷有影响的 AI 科学家。2013 年深秋，百度参加辛顿公司收购竞拍，代表百度出现在太浩湖现场的，正是余凯。竞拍虽败犹荣，让百度 CEO 李彦宏认识到深度学习的前景与落后的危机。次年 1 月，百度筹备成立了全球第一家以深度学习命名的 AI 实验室——百度深度学习研究院（IDL），李彦宏亲任院长，余凯任常务副院长。余凯是早期实际运作者，他为百度植入了深度学习基因。

2014 年，余凯邀请吴恩达加入百度。2015 年，余凯从百度离职，创办地平线公司，目标是芯片——人工智能时代的大脑。他太熟悉深度学习，认为 GPU 在深度学习中的应用是无心插柳的成功，专门用于深度学习的专用芯片是更好的方向。

余凯想把这样的专用芯片用于自动驾驶，当时车规级芯片对中国企业来说是一道天堑。经过艰难开发，2017 年 12 月 20 日，地平线首次推出自动驾驶芯片 J1。2019 年 8 月，发布了首款车规级芯片 J2，并搭载在长安汽车上，实现了中国车规级自动芯片量产零的突破，补齐了国内自动驾驶产业生态中的关键一环。地平线经历了九死一生，最艰难时地平线砍掉 1/3 员工，只剩 800 余人。余凯回忆："每天都像是在深渊里往下掉，没有抓手。"

余凯坚持下来了，2020 年 9 月，地平线发布 J3，应用在理想 ONE 电动车上，量产上车仅用了 8 个月，这让地平线一战成名，上汽、比亚迪、吉利、理想、长安都用上了 J3。之后，J5 问世，让地平线有了冲击高阶自动驾驶市场的实力，还抢了自动驾驶芯片巨头 Mobileye 部分客源，也让英伟达有了危机感。2024 年 4 月，地平线发布新一代自动驾驶芯片——征程 6 系列，支持 Transformer 大模型和高阶自动驾驶，算力可达 560 TOPS（每秒万亿次操作）。

地平线一步一步成为全球自动驾驶芯片的重要玩家，而中国其他同类公司，如华为海思、黑芝麻智能、大疆、芯驰科技等，都艰难前行并最终走出困境，这也是中国芯片行业的整体写照。

一次，一位重要领导参观完地平线之后，感慨地说余凯有点像马斯克。中国自动驾驶芯片乃至整个 AI 产业，都需要这样的人。

第八节　人家车，未来生活畅想曲

自动驾驶是一个美丽的梦想，今天正变为现实。它发动了一场前所未有的智能交通革命。今天困扰人类的交通伤害、道路拥堵、能源浪费、环境污染等棘手问题，都可能因为自动驾驶得到解决。

畅想一下吧：在任何地方，无人出租车会在需要时自动来到身边；无人卡车排着队自动运输货物；车库和停车场会减少，因为无人车会自动精确泊车，不需要在停车位开门上下客人，车位面积会缩小；甚至汽车也会减少，因为无人车会不知疲倦地日夜自动行驶，汽车的利用率和共享程度会大幅提高……

还可以畅想的是，由于汽车是现代社会里家庭和工作场所之外的第三空间，是超级智能移动空间，智能家居、智能办公、智能驾驶这三类场景会互动融合。行车途中，多模态大模型支持下的智能驾驶系统忠诚工作，监测车内外环境，根据道路和天气情况自主决策，规划最优路径，保证安全行驶。智能交互与助理陪你聊天，执行你交办的事情，讲解沿途风景和历史文化。你坐在安全平静行驶的车内，可在智能助手的帮助下轻松处理本应在办公室完成的工作。你还可安排各种家务，比如指挥智能家居设备把房间收拾得明亮干净，烹调好美味佳肴并摆上桌，等候你回家享受。小米公司正在打造的人车家生态，也许就是这种生活场景的起步。

智能交通革命，让我们的生活更加美好。

15

|第十五章| CHAPTER

终身学习时代来临——AI 塑造新人生

有了MOOC（大型开放式网络课程），大学将不再是从前的大学。下一个爱因斯坦或乔布斯，也许就隐身在非洲某个偏远的乡村中。

第一节　教育史上的“一场数字海啸”

2011年秋季学期，位于硅谷的美国名校斯坦福大学，做了一件开创历史的大事。他们试探性地将三门计算机课程对全球免费开放。

反响出人预料，三门课程注册学习人数均超过10万。其中，“人工智能导论”有190个国家（地区）的16万学习者注册。不仅如此，这门课还诞生了一个全球性的脸书（Facebook）群，大量在线志愿翻译者迅速将课程翻译成44种语言。

第二年席卷全球的MOOC风潮掀起。

斯坦福大学的“人工智能导论”是一门经典课程，授课教授塞巴斯蒂安·特隆（Sebastian Thrun）与彼得·诺维格（Peter Norvig）都是名师。尤其是特隆，这位硅谷传奇人物的故事，我们在第十四章已经介绍过一些了。还应该提到的是，他在谷歌公司还创立了X实验室，自动驾驶、谷歌眼镜、谷歌街景等创新技术都源于这个神秘的实验室。

虽然有这么多个人传奇，但是面对全球16万网络学生，特隆还是不得不格外重视。他重新规划了课程，把学生放在一切的中心。同时，设计了一系列问题让学生们解答，让他们必须通过解决问题来学习，而不只是听。特隆告诉斯坦福的学生们，如果不想去听课可以在网上学，结果有超过四分之三的学生选择了后者。期中考试时，不可思议的事情发生了，斯坦福的学生的平均成绩比历届整整高出了一个等级。同样的变化也出现在期末考试时。更出人意料的是，斯坦福的学生不是这门课中表现最好的。课程结束，前400名中没有一位来自斯坦福，其中248名考试获满分者更与斯坦福绝缘。

这件事使特隆震惊，使他开始重新思考之前所了解的教育。到了几个月后的2012年1月，他辞去斯坦福大学终身教职，在硅谷创立了第一家MOOC教育公司Udacity。

2012年4月，另一位斯坦福大学教授达芙妮·科勒（Daphne Koller）和她的同事吴恩达共同创办了MOOC公司Coursera。之后一个月，东部同样拥有优质大学教育资源的MIT和哈佛大学联手创办了非营利性MOOC机构edX。

短短四个月内，“三足鼎立”的三大MOOC教育平台在美国崛起。特隆更在《连线》上预言，未来50年内，全世界大学数量将会降至10所。

2012 年，是 MOOC 元年。斯坦福大学校长约翰·汉纳森（John Hennessy）称这种情况为教育史上的“一场数字海啸”。

MOOC 的中文翻译为慕课，是大规模在线公开课（Massive Open Online Course）的缩写。这个术语其实早在 2008 年就由加拿大爱德华王子岛大学提出，而 2007 年就由孟加拉国移民萨尔曼·可汗（Salman Khan）创办的著名网络教育机构——可汗学院（Khan Academy）也对 MOOC 有很大启发与影响。但真正引起巨变的，还是特隆的那堂“人工智能导论”课。

MOOC 与以前的网络公开课有很大的不同，它确实颠覆了传统大学。而且，颠覆的方法很特别，说通俗一点就是借着大学的名义颠覆大学。

表面上看，MOOC 几乎沿袭了传统大学教学管理流程的一切。而骨子里，MOOC 却几乎颠覆了传统大学的全部：MOOC 的教师也要按进度授课——但授课对象却穿越校园，穿越国度，面向世界任何角落的求知者，且完全免费；MOOC 的学生也要按时完成作业——但这是在智能化自适应学习系统的帮助下、在地球这座“教室”里与其他学生互助交流下完成的；MOOC 也要考试，甚至颁发相应证书或文凭——但这些服务，像 MOOC 的其他教育服务一样，是由学习者自主选择的。

MOOC 这种全球性大规模的开放、免费、交互式的网络教学，实际上完全颠覆了今天的大学。自 MOOC 问世后，从全球知名大学追赶潮流、唯恐落伍的洋洋景观就可看出 MOOC 具有的革命性。有了 MOOC，大学将不再是从前的大学。难怪，Coursera 的创始人科勒惊呼：“下一个爱因斯坦或乔布斯，也许就隐身在非洲某个偏远的乡村中。”

MOOC 之所以会产生如此巨大的影响，正是因为 AI 在其中扮演了重要角色。分布于世界各地的授课者和大规模学习者的多空间交互、针对学生作业的讨论与评判、检查课程完成情况的各种小测验与期中期末考试等，这些教学工作如果没有数据挖掘、教育专家系统、人机交互等多种 AI 手段的帮助，不可能完成。

MOOC 也受到不少责难，比如认为课程的完成率和考试通过率都比较低等，但这些都属于发展中的问题，会在成熟中不断解决。MOOC 没有退潮，在 AI 的推动下，仍在大步前进。截至 2024 年我国上线慕课数量超过 7.68 万门，学习人次达 12.77 亿，建设和应用规模居世界第一。

第二节　ChatGPT 引起的新思考

如果说 MOOC 是一场数字海啸，冲掉了大学围墙，那么 ChatGPT 等 AIGC 应用在校园中出现，就可能是一场革命，印刷术发明以来塑造的教育体系，可能因此面临彻底变革。教育界在面临初期巨大冲击之后，开始认真思考和讨论 AIGC 的影响以及如何应对。教育的目标、老师教的方式、学生学的方式，都会因 ChatGPT 这样的智能工具的到来而改变，这也会带来新机遇。

立德树人，是教育的根本目标和永恒主题。学校又被称为知识的殿堂，传授知识往往被混淆为教育的首要目标。ChatGPT 等 AI 应用的出现，让广博甚至高深知识的获得，变得处处、随时可完成。教育目标要回归培养有独立人格、能独立思考、有正确价值判断和分析能力的人，不再以获取特定知识为首要目标。

老师的教学方法会围绕新目标和使用新智能工具而改变。老师的角色逐渐从知识的传授者转变为学习的引导者和促进者，引导学生用智能工具进行学习和探索，培养学生的自主学习能力和创新思维。

学生要超越知识学习，更加关注学习的品质和学习效果。学生要学会用智能工具进行学习和交流，提高自己学习的灵活性和自主性。

作业、考试、教学质量评估，都会因为 ChatGPT 等强大智能工具进入校园而被深刻改变。

华东师范大学原校长俞立中谈起 ChatGPT 引发的涟漪时说："我们的教育改革仅停留在传统的思维层面，仅花力气在教材、大纲、课程体系方面进行改革是不够的，更重要的是我们的培养模式、学校架构、教育形态要发生变化。"他认为，ChatGPT 的兴起不仅是一种技术进步，更是对教育领域产生深远影响的现象。ChatGPT 对传统教育模式提出了挑战，同时也带来了新的机遇。他鼓励教育工作者积极拥抱新技术。

第三节　校园里的 AI 热潮

的确，ChatGPT 等新智能工具的应用既是挑战又是机遇，是教育领域 AI 应用趋势和未来发展方向。所以，校园里的 AI 热潮正一波又一波掀起。用 AI 辅助解决教与学的问题，早在校园得到应用。用 AI 帮助学生制订有效学习计划，实现个性化教学，需要进行长期探索。

英国老牌的远程教育机构开放大学（Open University）已经使用大数据来管理每个学生的线上行为和表现。美国的教育平台

Knewton 获取了 1 000 万学生的数据，并向他们推荐个性化的学习内容，帮助学生更多关注自己的思考过程，使他们更好地学习新知识和新技能。

科大讯飞多年来致力于把 AI 技术融入智慧教育场景，用 AI 对作业和试卷进行批改评分，对学生的学习行为进行分析。比如，通过全学科自动阅卷扫描，对学生以前做错的题目进行细致梳理和学习诊断。AI 给学生提供个性化学习包，相当于给每个学生都提供一位学习秘书。同样地，AI 也可成为老师的教学秘书，大大提高老师的教学效率和效果。

AIGC 的发展，助推了校园 AI 新浪潮。AIGC 的良好交互、强大的认知推理与知识库支撑、丰富的内容生成等能力，正在促进教育创新，深刻改变着教育面貌。从高等教育到基础教育，从教学内容到教学方法、教育管理，AIGC 都得到了越来越广泛的应用，且受到学校和师生的欢迎。AIGC 增强了学生对学习的兴趣性和主动性，对培养学生的创造性思维和实践能力有很大帮助，这在大学校园体现得尤为明显。

上海大学刘寅斌和顾晓英两位教授主持的“创业人生”课程，是国家级一流本科课程。这门课邀请各行各业的创业者登上大学讲坛，分享自己真实的创业经历与经验教训，并与学生互动，双向启发，让创业经验升华为宝贵的知识。这门课很受学生欢迎，并广泛传播到其他高校，产生很大影响。但遗憾的是，由于校园的条件所限，能让学生马上实践的机会较少。

AIGC 给这门课带来很大变化，学生在课程中学到的内容和受到的启发，可立刻用 AIGC 进行实践。零音乐基础的学生可以马上开始创作优美的乐曲，零代码基础的学生可以马上开始构建游戏程序并在网上实际销售。“创业人生”课程的教学也发生了变化。主持老师让有创业实践的学生登台讲课，再让创业者进行评价和指导。学生用 AIGC 获得的新方法和新内容，往往让创业者和老师闻所未闻，受到很大启发。这种智能背景下的教学相长，会越来越多地出现。上海大学这门课的变化，不过是 AI 影响校园的一个缩影。

为了从小培养具备 AI 应用能力的未来人才，早在 2017 年，国务院颁布的《新一代人工智能发展规划》中就明确提出在中小学阶段设置人工智能相关课程。之后，各地尤其是东部沿海地区，纷纷在中小学开设人工智能课程。2024 年 11 月，教育部办公厅印发《关于加强中小学人工智能教育的通知》(以下简称《通知》)，强调 2030 年前在中小学基本普及人工智能教育。《通知》列出了人工智能教育的六项主要任务和举措，包括构建系统化课程体系、实施常态化教学与评价、开发普适化教学资源、建设泛在化教学环境、推动规模化教师供给和组织多样化交流活动。《通知》还明确提出了相关课程中人工智能教育要求：“小学低年级段侧重感知和体验人工智能技术，小学高年级段和初中阶段侧重理解和应用人工智能技术，高中阶段侧重项目创作和前沿应用。”

国家这些政策和举措，将会进一步推动校园里的 AI 热潮，为建设创新型国家打下良好的人才基础。

第四节　超越大学，终身学习时代来临

未来大学没有围墙，未来学习不会止于大学。AI 带来的教育革命使教育的普及性和学习的高效性都达到了前所未有的程

度，也使终身学习提高到前所未有的重要地位。

2016 年 6 月，英国《经济学人》封面文章专题报道了 AI 进步对社会可能产生的巨大影响，教育是受影响的五个方面之一。2017 年伊始，这家知名媒体再度刊登重磅文章《特别报告：终身学习》。文章指出：和工业革命同时带来了教育革命一样，AI 和自动化时代需要另一场教育革命。这场革命就是终身学习。文章分析道，今天终身学习的受益者主要是成功人士，但未来所有的人都应该边谋生边学习。传统教育模式是人生初期集中学习，之后通过公司培训加以补充。这一模式正在瓦解，原因之一是人们需要新的、不断变化的技能，终身学习变得具有急迫性。

许多人相信，有大学毕业证书的人将自然获得更高薪工作。今天的现实是，虽然去上大学依然很有道理，但是大学学历和工资之间的对应关系被改变了。

2013 年 3 位加拿大经济学家的研究表明，现在美国大学毕业的求职者不得不从事对认知技能要求较少的工作，去替代教育程度不高的工作者。这项分析证实了“技术会颠覆就业”这个观点，说明不同层次的工作者都会陷入麻烦。牛津大学两位学者在 2013 年也通过研究预测，47% 的美国现有工作容易受到自动化技术影响，这一著名结论被今天很多研究 AI 政策的人们引用。

获得新技能变得至关重要。例如，AI 技术人才现在的需求量远远超过其他技术、技能人才。世界经济论坛《2023 年未来就业报告》预测，未来 5 年数据分析师和科学家、大数据专家等职位的需求会增加 30% ～ 35%。而根据我国 2024 年招聘需求信息统计可知，自然语言处理岗位需求同比增长 111%、机器人算法岗位需求增长 76%、深度学习岗位需求增长 61%、智能驾驶工程师岗位需求增长 49%。现在，要求营销专业人员具有开发算法的能力也被认为是合理的。

人们正在逐步接受持续学习的观点。根据皮尤调查机构的调查，54% 的美国工作者认为发展新技能至关重要。这个比例在 30 岁以下的人群中则达到 61%。当技术正在发生难以预测的变化、工作变得富有交叉性时，人类就越需要不断学习、掌握新技能。

终身学习，将是所有人的追求。

16

|第十六章| CHAPTER

AI 神医——精准医学带来的福音

战胜人类世界冠军后，它转行关注人类生命。

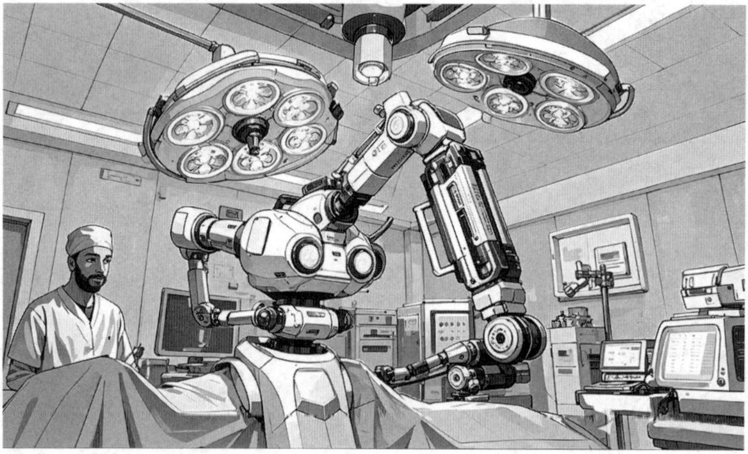

第一节　AI 挑战资深医生

2017 年 1 月 25 日，一篇有影响的文章发表在权威科学刊物《自然》网站上，文章题目是“用深度神经网络对皮肤癌进行皮肤病专家水平的分类”。

这篇文章之所以会引起关注，是因为它披露出一个事实——依靠深度学习（深度神经网络）技术，机器已经能够达到人类皮肤病专家的水平。

《自然》报道的实际上是一场关于皮肤病诊断的人机大战。科学家先让一个深度神经网络分析学习了近 13 万张皮肤病临床图片，涵盖了 2 023 种皮肤疾病。然后，21 位医生受邀，与机器展开了两场皮肤癌诊断能力的比赛。第一场区分角质细胞癌和良性脂溢性角化病；第二场区分恶性黑色素瘤和良性痣。结果，AI

正确识别良性和恶性病变的综合灵敏度达到 91%，打败了多名皮肤科医生。

消息一出，立刻引起热议：以后，皮肤病患者用手机拍一张照片，直接转给 AI 医生，不就行了吗？现在的皮肤科医生，会不会失业？

这不是 AI 医生的第一次出场。2016 年 11 月，谷歌的研究者在《美国医学协会杂志》上发表文章，介绍他们采用深度学习算法的软件精确分析视网膜照片，该软件对糖尿病性视网膜病变的诊断，已经达到眼科医生的水平。这项成果正是由用 AlphaGo 打败围棋世界冠军李世石的谷歌 DeepMind 团队创造的。人机大战让 DeepMind 看到 AlphaGo 这样的智能工具的广阔应用领域，包括我们在第一章看到的获得 2024 年诺贝尔化学奖的蛋白质结构研究。比赛结束后的几个月，也就是在 2016 年 7 月，Deep Mind 宣布进入医疗领域，并邀请印度和美国的医生共同创建了一个包含 12.8 万张图片的开发数据集，对算法进行训练。然后，用 9 963 张图片作为验证集，请来 8 位医生和机器进行诊断比赛。

这场比赛人类医生也败下阵来。机器得到的 F-Score（即 F 分数，可衡量识别、分类的准确性，最高值为 1）为 0.95，而 8 位眼科医生获得的 F-Score 的中位数值为 0.91。中国的医疗服务公司 Airdoc 也开发出类似的糖尿病性视网膜病变诊断系统。它们从国内外医院收集了数十万张眼底照片，构建超过 100 层的卷积神经网络，持续训练超过 120 小时，产生了诊断模型。该模型在糖尿病性视网膜病变辅助诊断中，灵敏性和特异性等主要指标都获得了和人类医生相当的结果，诊断准确性与三甲医院资深眼科医生持平。

受AI影响的当然不止皮肤科、眼科，在整个医学领域，关于AI挑战人类医生的报道也多了起来。2018年6月，北京天坛医院神经疾病人工智能研究中心和首都医科大学共同研发的AI辅助诊断系统“BioMind天医智”，与25名神经影像领域的顶尖专家展开了一场总决赛，最终AI选手以高出20%的正确率战胜了神经系统疾病诊断的医界“最强大脑”。

AI这位医学界“新星”的表现看起来神奇，但在AI专家眼里，这些医疗应用并不神秘，都属于计算机视觉中的图像识别范畴。今天，大模型支持的图像识别技术，已经让机器的表现在很多方面超过了人类，所以它在医学影像领域展现的实力属于正常发挥。

第二节　破解医学影像处理难题

AI用于医学影像处理已有很长的发展历史，在这方面IBM曾走在了前面。1997年用深蓝计算机打败国际象棋世界冠军卡斯帕罗夫，后来进一步开发出超级计算机沃森（Watson）。2011年，在美国最受欢迎的智力竞猜电视节目《危险边缘》中，沃森击败该节目历史上两位最成功的选手肯·詹宁斯和布拉德·鲁特。沃森这个强大的AI系统，早已在医疗领域深耕多年，其中医学影像处理是重点。IBM先后于2015年10月和2016年2月收购医疗影像分析公司Merge Healthcare和医疗数据公司Truven Health Analytics，使沃森在医学影像方面形成很大的优势。2016年8月，沃森的癌症诊断机器人登陆中国，为癌症患者提供精准的个性化服务。可惜，沃森后来发展很不顺利，不仅在中国遭遇败局（2021 年停止服务），在美国也陷入被收购的困境。导致这家老牌公司出现麻烦的原因很多，但观念落后、技术进步迟缓无疑是最重要的。

AI 医学影像处理一直在大步发展，因为影像处理是医疗中关键而繁重的工作。随着 X 光、CT、B 超、核磁共振等医学检测手段越来越频繁地应用于临床检查，医学影像数据呈爆炸性增长。目前，医学数据中，有 90% 是医学影像数据，而每年医学影像数据的增加速度，远远超过放射科医生的增加速度。在中国，医学影像数据的年增长率约为 30%，放射科医师数量的年增长率约为 4.1%，两者的差距是 25.9%；而在美国，上述数据分别为 63.1% 和 2.2%，两者差距高达 60.9%。放射科医师数量的增长远不及影像数据的增长，这意味着未来影像数据处理的压力会越来越大，甚至远远超过负荷。

医学数据依赖人工分析会有明显的缺陷：医生凭借经验去判断，而经验总是有限的，常常难以做到准确分析，甚至造成误判。中国医学会的资料显示，中国临床医疗每年的误诊人数约为 5 700 万，美国为 1 200 万，考虑人口因素，两国的误诊水平相当。美国初诊误诊率为 30%，中国临床医疗总误诊率为 27.8%，恶性肿瘤平均误诊率为 40%，如鼻咽癌、白血病、胰腺癌等的平均误诊率都在 40% 以上。

临床医疗迫切需要改变现状，AI 进入医学影像领域，恰逢其时。成立于 2014 年 1 月的 Enlitic 医学影像公司，用深度学习算法对 X 光、CT、超声波、MRI（核磁共振）等医学影像资料进行处理，辅助医疗诊断。2016 年 6 月，Enlitic 医学影像公司被《麻省理工科技评论》评为“全球 50 家最智能的公司”。Enlitic

医学影像公司的恶性肿瘤检测系统在临床试验中肺癌诊断准确率比放射科专家高出 50%，而所用的时间只有医生的 1/50 000。在乳腺癌淋巴结转移诊断中，AI 算法的误诊率为 7.5%，当病理学家用该算法做辅助诊断时，误诊率被进一步降至 0.5%。

世界著名的 AI 公司，高度重视产品在医疗领域的应用，并纷纷加快了进军的步伐。前面提到的谷歌 DeepMind，进入医疗领域后，与英国国家医疗服务体系（National Health Service，NHS）、摩尔菲尔兹（Moorfields）眼科医院合作，开发出眼科疾病机器诊断系统。通过合作，DeepMind 分享了约 100 万幅眼部扫描图，其中对视网膜进行精细扫描得到的数据的精细程度超过对身体任何其他部位的扫描，甚至能看到细胞。DeepMind 的深度学习算法可快速、准确识别老年黄斑变性、糖尿病视网膜病变等疾病，从而达到提前预防和治疗的目的。

进入大模型时代，医学影像处理得到长足进展。多模态大模型的应用，使对电子病历和各种医学影像资料进行混合处理成为可能，影像处理的效率、精确度，以及疾病辅助诊断和治疗的准确度进一步提升。我国也出现了一批针对医学影像处理的大模型应用方面有实力的公司，如联影智能、深睿医疗、数坤科技、医准智能等，推动了我国 AI 在医学影像领域的应用。

困扰医学界很久的影像处理难题，正在 AI 的帮助下得到有效解决。

第三节　手术机器人

机器人在医疗领域的应用前景非常广阔。在外科手术治疗中，早已出现机器人的身影。有名的手术机器人达芬奇，在 20 世纪 90 年代就上岗了。达芬奇手术机器人的正式名称是“内窥镜手术器械控制系统”，是美国直觉手术机器人公司（Intuitive Surgical）的产品，这家公司于 1995 年成立，技术源于斯坦福研究院（SRI），20 世纪 80 年代末，手术机器人的研发就是在这里开始的。

达芬奇机器人于 1996 年推出第一代。2006 年推出的第二代，不但机械手臂活动范围更大了，还允许医生在不离开控制台的情况下进行多图观察。2009 年推出的第三代，增加了双控制台、模拟控制器、术中荧光显影等功能。第四代达芬奇机器人于 2014 年推出，灵活度、精准度、成像清晰度等方面有了质的提高，还支持远程观察和指导系统。

达芬奇手术机器人是目前全球最成功、应用最广泛的手术机器人，广泛用于普外科、泌尿科、心血管外科、胸外科、妇科、五官科、小儿外科等。达芬奇手术机器人在前列腺切除手术上应用最多，现在也越来越多地应用于心脏瓣膜修复和妇科手术中。它早已开始进入中国大量医疗机构。

达芬奇手术机器人主要由 3 个部分组成：医生控制系统，三维成像视频影像平台，由机械臂、摄像臂和手术器械组成的移动平台。实施手术时，主刀医师不与病人直接接触，而是通过三维视觉系统和动作定标系统操作手术机器人，由机械臂以及手术器械模拟完成医生的技术动作。手术时，主刀医生坐在无菌区外的控制台中，使用双手及脚来控制器械和一个三维高清内窥镜，机器人随着医生的控制同步执行动作。

达芬奇机器人虽然目前已经是全球应用最广的手术机器人，

但由于这个市场非常广阔，导致国内外有大量科技公司参与竞争。在AI、精密机械、光电视觉等先进技术方面有雄厚基础的中国，手术机器人近年来快速崛起，截至2024年9月末，国内骨科手术机器人国产化率已达到65%左右，元化智能、锟铻等在这一领域有很强的竞争力。华科精准等公司的神经外科手术机器人市占率已过六成，远超国外品牌。国产腔镜手术机器人表现同样引人瞩目，微创机器人的图迈、精锋医疗的MP1000、思哲睿医疗的康多等国产腔镜手术机器人已开始与达芬奇手术机器人竞争国内新装机市场，有的甚至开始销往海外，参与全球竞争。

随着AI的发展，更智能、更精准的手术机器人会在医疗服务中担负更重要的角色。

第四节　精准医学应运而生

AI的重要作用还表现在推动精准医学的发展方面。早在2011年，美国科学院、美国工程院、美国国立卫生研究院及美国科学委员会共同发出“迈向精准医学”的倡议。著名基因组学家梅纳德·奥尔森参与起草的美国国家智库报告《走向精准医学》正式发表。报告提出遗传关联研究与临床医学紧密结合，以实现人类疾病精准治疗和有效预警。2015年1月20日，奥巴马在国情咨文演讲中提出了“精准医学”（Precision Medicine）计划，1月30日又决定在2016财年向该计划投入2.15亿美元，推动个性化医疗的发展。

精准医学有明确的目标。短期目标是治疗癌症，长期目标是管理健康。这些目标的达成，需要AI扮演重要角色。

简单来说，“精准医学”是指根据每个病人的个人特征，量体裁衣式地制定个性化治疗方案。而要做到这一点，需要大数据的支持。现在医学大数据涵盖的个人信息越来越广泛，包括电子健康档案、医疗保险信息、个人药品与疾病信息、个人保健活动信息、可穿戴设备健康信息、遗传检测信息、健康管理报告等，甚至包括社交媒体上的个人相关信息。对这样详细的个人大数据进行采集、管理、挖掘、利用，必须通过AI技术来实现。

有了完整和详细的大数据信息，个性化的精准治疗就变得可能了。治疗癌症最为复杂和个性化，所以被选择成为精准医学的短期目标。癌症是常见且易引起恐惧的疾病，随着人口老龄化的进程，癌症已是全球主要死亡原因。精准医学对癌症的治疗，已经显示出可喜的初步成果，被称为精准医学先锋的美国肿瘤医生内德·贾瓦迪作了很好的示范。他利用“未来基因测序”技术，详细分析了肿瘤标本中逾100种的癌症相关基因，并通过肿瘤中的基因突变信息，结合患者癌细胞独特的基因特征进行确诊。选定对患者最有效的用药方案，并首先综合应用免疫治疗、化疗、靶向治疗、生物治疗等，收到了很好的效果。他的患者中，有一部分是已经被知名癌症治疗机构放弃治疗的四期（晚期）癌症患者。

2014年，贾瓦迪接收了25个这样的患者，在采用精准医学对他们治疗3个月之后，所有患者的生存时间都比预期加长了，大部分患者的癌细胞消失40%到60%，个别患者的癌细胞消失了90%。贾瓦迪等医生的实践，让精确医学在癌症治疗中燃起希望之光。

中国同样利用AI保障国民健康，促进医疗水平提高。在各省市医疗健康信息平台纷纷建立的基础上，国家卫健委从 2023 年起开启了三年计划，目标是促进这些平台的互联互通共享，建设国家全民健康信息平台。这个国家级的信息化平台，将实现医疗健康数据的集中管理、共享和应用。平台让电子健康档案、电子病历、检查检验结果等信息互通共享，居民可跨省查阅自己的电子健康档案，医疗机构可更合理地进行资源配置，以提高服务质量。国家卫健委希望到 2025 年初步形成统一、权威、互联互通的全民健康信息支撑保障体系，基本实现公立医疗卫生机构与平台联通全覆盖。

这个重要的国家级平台，为我国发展精准医学打下基础。

第五节　新药研制走上新路

新药研制，也是 AI 正在发力的重要医学领域。长期以来，开发新药是漫长且低效率的工作，一款重要新药的平均研发成本为 10 亿到 20 亿美元，平均研发周期为 10 年。

在新药研制过程中，研发人员需要对种类繁多的化合物进行非常复杂的实验，通常 5 000 到 10 000 个化合物中只有约 5 个会进入临床试验，最终可能只有 1 个化合物会作为药物进入上市审批流程，成功率极低。

选定了可能的化合物，还要通过细胞、动物、人体临床试验等一道道关口，每道关口都可能发现或大或小的错误，往往不得不回到研究原点。由于不断试错的高成本和低效率，越来越多的药物开发厂商向 AI 求助，希望用新技术来改变新药的研制现状。AI 应用使药物研发的药物靶点分析、化合物筛选、药物设计与优化等环节的效率大大提高，新药平均研发周期缩短了 40% 到 60%，并且成功率也有所提升，降低了研发成本。

研究人员估计，有 15% 到 20% 的新药研发成本都耗费在探索阶段。通常情况下，这意味着高达几亿美元的支出，以及 3 到 6 年的研发时间。如今，希望通过 AI 将这一过程缩短至几个月，大幅降低研发成本。

2016 年秋天，TwoXAR 公司与斯坦福大学亚洲肝脏中心合作，筛选了 25 000 名潜在的成人肝癌患者。研究人员通过遗传学、蛋白质组学、药物和临床数据库，用 AI 筛选出 10 种可能的治疗方法。亚洲肝脏中心的主任塞缪尔对他们的筛选名单感到非常惊讶，因为它包括了中心研究人员的几项备选方案。其中最有希望的方案，可以杀死 5 种不同的肝癌细胞且不伤害健康细胞。依据这种方案研发的新药现在正准备进行人体试验。以前，针对同一癌症的唯一药物要花费最少 5 年时间才能获得 FDA 批准，而 TwoXAR 和斯坦福大学从合作到进行人体试验才用了 4 个月。

AI 新药研制目前已进入空前活跃期。2020 年前，AI 主导的进入临床试验阶段的创新药项目仅为个位数。2021 年这一数字已迅速增长至 100 多，2022 年突破 200，2023 年进一步提升，数量迈入 300 大关。

国外的阿斯利康、拜耳、罗氏、礼来及赛诺菲等药企相继入局 AI 制药，国内恒瑞医药、石药集团等制药龙头也积极布局 AI，它们都希望通过创新技术找到研发药物新途径。

新药研制领域也是 AI 科技公司关注的热点，谷歌 AI 技术在新药研制中的应用最为亮眼。使哈萨比斯和江珀获得 2024 年诺贝尔化学奖的蛋白质折叠研究模型已经发展到 AlphaFold3，这一工具会对新药研制中涉及的蛋白质、DNA、RNA 等生物分子结构预测和之间的相互作用分析起到很大的作用，已成为新药研制的利器。谷歌以自己强大的 AI 工具，与默克、阿斯利康、辉瑞等多家药企合作，共同开发新药。

百度同样在这个领域持续创新，2020 年建立的百图生科公司，专注于生命科学的大模型应用，百度 CEO 李彦宏亲任董事长。百图生科已服务全球 300 多家医药用户，实现超过 20 亿美元订单，帮助客户在蛋白质设计、药物靶点发现、酶设计等领域取得众多突破性成果。所以，著名药企赛诺菲与百图生科签订了 10 亿美元 AI 合作订单，引起全球关注。

对于新药研制这样的长周期和高失败率的行业，即使小的成功也可能带来数十亿美元的收益，挽救无数人的生命。在 2024 年 12 月的诺贝尔奖颁奖典礼上，获得化学奖的哈萨比斯说，AI 技术的应用，让药物研究的周期从以年计缩短到以周计。他的话，让人对 AI 在药物研制方面发挥更大作用有了更多期待。

第六节　AI 医学的未来

2024 年 11 月，上海市政府办公厅发布了《上海市发展医学人工智能工作方案（2025—2027 年）》。上海着眼于建设有全球影响力的医学人工智能应用示范地区，这让我们看到了 AI 医学的未来。方案中描述的几年内上海医学人工智能应用场景是下面这样的。

用大模型构建临床诊疗辅助决策知识库，全市的医疗机构都被这样的智能临床诊疗辅助决策支持系统覆盖。换句话说，AI 临床辅助诊疗服务遍布全市。

用多模态大模型开展智能医学影像辅助诊断，实现智能危急预警，医学影像阅片与质量控制因AI应用而增强。

发挥AI在手术前诊断与手术规划、术中导航与实时监测中的作用，推动腔镜手术机器人等的应用，拓展远程手术应用。

发展智慧药房，开展智能处方调剂、药品核对、处方前置审核等工作。加强语音识别、自然语言处理在“互联网+药学”中的应用，提供远程个性化用药指导。

发展智能康复服务，推广外骨骼等康复机器人、中医针灸推拿机器人等外治设备，实时监控患者康复状态，在全市康复医疗机构中实现智能康复服务全覆盖。

发展智能患者服务，应用医生数字人或数字孪生助手，为患者提供诊前全流程规划、诊中云陪诊、诊后智能随访等服务。推广床旁智能设备，提供病情监测预警、床旁智能护理等服务。

方案描述也许有点枯燥，但认真阅读，就会发现它是一幅实实在在的AI医学在上海全市范围内得到广泛应用的美好图景。AI医学助手可在诊疗、影像检查、手术、用药、康复、患者在家庭或病房问诊护理陪伴等方面为我们服务。

上海还把AI与公共卫生深度融合，提供全方位的智慧公共卫生与健康服务。

上海发生的这一切，在中国广大城乡也正在发生。研究和报道前沿医学科技进展的权威媒体动脉网的董事长李大韬从另一个重要角度分析了AI医学的未来——医生的学习曲线很长，他们一生需花很长时间学习。以前由于学习条件的差异，造成医生能力的参差不齐。现在有了大模型这类强大的工具，医生的学习曲线会变得很陡峭，以前需很长时间才能学会一项技能或一个手术，现在这个时间会被大量压缩。医生会在有限时间内学会大量新知识和新技能，医生队伍的整体水平差异缩小，服务能力得到很大提升。这会促进大小城市之间、城乡基层之间的医疗服务能力趋于均衡。他举例说，对于糖尿病这类慢性病的治疗和管理其实已有新方法和新药物，但好多基层医生尤其是乡镇医生并没有掌握，甚至不知道。他们用数字技术将这些信息普及到基层后，医生会迅速掌握并取得很好效果。现在患者对医生都很尊敬，使基层医生获得从未有过的被尊重感。让医疗服务均衡化，也是 AI 医学未来的重要工作。

AI 在医疗健康领域的广泛使用，会筑起一道道坚强的智能屏障，牢牢守护我们的健康。

17

|第十七章| CHAPTER

科学的进化——科学家拿起了新武器

用机器解决数学难题，证明四色定理是一个典型案例。

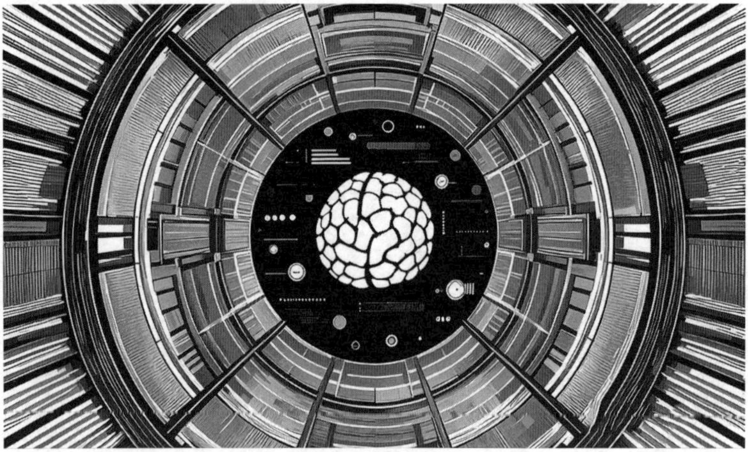

第一节　机器解决四色定理难题

科学推动人类社会的发展，而科学的发展又被新思想、新发现、新发明、新工具推动。望远镜的发明，极大地拓宽了人类视野，推动了天文学的发展。显微镜的发明，为人类打开了微观世界的大门，促进了医学和微生物学的发展。计算机的发明和 AI 兴起，同样有力促进了科学发展。数学中的对四色定理的机器证明，就是这方面的著名案例。

四色定理又称四色猜想，是一个著名的数学难题。1852 年，英国地图制图师弗朗西斯 · 古特里发现，只需要四种颜色就可以对地图进行着色，使得相邻的国家颜色不同。对这样一个简单的猜想和事实进行严格数学证明，却难住了全世界的数学家，从 19 世纪提出到 20 世纪 70 年代被证明，长达 124 年间无人能解决。在解决这道难题上，计算机立了大功。1976 年美国的肯尼斯·阿佩尔和德国的沃尔夫格·哈肯两位数学家使用计算机，对 1 936 个构图、1 482 种着色情况进行验证，用 1 200 多个机器小时作了 100 亿次判断，最终证明四色定理成立。

用机器证明定理、猜想等科学命题，被称为机器证明，是 AI 解决科学问题的重要应用领域。

机器证明四色定理是数学史上一个重要里程碑，开启了机器证明的新时代。它也是科学史的里程碑。随着一批科学问题用计算机解决或辅助解决，计算机开始在科学研究中占据越来越重要的地位。计算数学、计算力学、计算化学、计算生物学等一批新交叉学科出现。计算与实验、理论并列，成为推动科学发展的新范式，即第三范式。

科学、哲学中“范式”的概念，由美国科学史学者托马斯·库恩提出，范式指科学界共同接受的理论体系、研究方法和操作规范。范式的变化和发展，对科学发展有革命性影响。

第四范式由美国数据科学家、1998 年图灵奖得主吉姆·格雷于 2007 年提出，是指在科学研究过程中，通过大规模数据分析和处理来发现新知识的一种方法论。可惜，吉姆·格雷不幸在海上失踪，来不及完善这一理论体系。

今天看来，科学范式的确在变化，但计算、数据过去被认为是科学新范式，现在应该被修正。在 AI 发展过程中，计算和数据都是基础，应与 AI 看成一体，不应该被分开看待。计算、数据和 AI 应统一成一种范式，这就是继实验、理论之后的第三种科学范式，即人工智能范式，简称智能范式，这种范式也被称为科学智能。随着深度学习进入大模型阶段，建立在算力、算法、数据基础上的深度学习大模型，成为科学研究最重要的新工具。AI 广泛应用于科学领域，成为科学新范式，这一点无论在理论层面还是在实践层面都已在科学界形成共识。科学智能正在兴起。

第二节　科学智能概念的提出

科学智能（AI for Science）是近年来应用越来越广泛的一个概念，指用 AI 技术推动科学发现和科学研究的新科学领域。AI for Science 直译即用于科学的人工智能。AI for Science 有时也简称为 AI4S（4 即 four，是 for 的谐音）。

AI for Science 的概念由中国学者于 2018 年首先提出。当年，中国科学院院士、北京大学元培学院院长鄂维南和前沿交叉学科研究院院长汤超（2019 年当选中国科学院院士）商量在北大举办 AI 与科学的论坛。会议前两人在一次午餐中，想到 AI for Science 这个主题，当时两人特别高兴，觉得想到了一个好名字。论坛很快举办，AI for Science 走出北大校园。

AI for Science 在国内外很快得到响应，AI 顶级会议 NIPS（Conference and Workshop on Neural Information Processing Systems，神经信息处理系统大会）2021 和 ICML（International Conference on Machine Learning，国际机器学习会议）2022，都举办了这一专题的研讨会。知名高校和科研机构，如加州理工、阿贡国家实验室、阿兰图灵实验室、MIT、谷歌 DeepMind、阿里达摩院、字节跳动人工智能实验室、华为等，都纷纷成立这一方向的研究实验室以加强相关研究。

2022 年，微软研究院成立了科学智能中心（Microsoft Research AI for Science），中心与全球顶尖专家共同探索“科学智能”这个跨领域研究的开创性课题。作为中心创始成员之一的刘铁岩介绍，中心在 AI for Science 的研究上取得了一系列令人振奋的成果，但作为一个新兴领域，AI for Science 尚未有一个公认的定义。在他看来，AI for Science 并不等于“在科学研究过程中使用一些 AI 技术”，而是一个更加系统和深入的概念，AI 要深度融入科学研究的各个环节，从数据处理到仿真模拟、到实验研究和发现新科学规律，AI 要成为科学研究的核心技术。

鄂维南 2021 年 9 月领衔成立了北京科学智能研究院，对融合机器学习、偏微分方程、流体动力学、分子动力学等学科进行研究并取得突破性进展，团队将一定精度的分子动力学研究极限推到 1 亿个原子，获得了国际高性能计算领域最高奖戈登贝尔奖。

AI for Science 概念的提出，既是创意，又顺应了科学发展方向。深度学习迅猛发展，正进入大模型阶段，这深刻影响和改变了科学研究。科学研究的任务是寻找与发现科学规律，现代科学研究的重要工具是数学，规律寻找常涉及微分方程求解，而且是很复杂的偏微分方程。解决高维数学问题，以前缺乏有效手段。比如，传统算法基于多项式逼近函数，但目前科研领域遇到的问题是变量太多，随着变量数（即维数）的增加，计算复杂度呈指数级增加，实际上不能通过计算解决，鄂维南称这是维数灾难。

AI 进入深度学习尤其是大模型阶段，对多维问题的处理变得容易。以人脸识别为例，需要建立 3 072 维空间上的函数，这样的高维函数在深度学习进入大模型时代之前是无法处理的。现在，人脸识别这类问题已经得到很好解决。这样的 AI 新方法和新工具不断涌现并快速迭代，正是促使 AI for Science 发展的坚实基础与强大动力。

AI for Science 正成为科学前沿热点，阿里达摩院在《2022十大科技趋势》报告中将 AI for Science 列为十大趋势之首，认为“人工智能成为科学家的新生产工具，催生科研新范式”。

第三节 诺贝尔委员会一锤定音

尽管 AI for Science 的概念还在深化，它的理论体系还在继续完善之中。但科学却在 AI for Science 方向上快速前进，取得一个又一个的突破性进展。

2022 年 3 月，《自然》杂志封面文章让全球瞩目，DeepMind 联合威尼斯大学、牛津大学的研究者，用深度学习帮助历史学家修复并破译古希腊时代的残破铭文，让那段历史变得更加真切。这个名叫伊萨卡（Ithaca，荷马史诗中的希腊岛名）的 AI 工具，可恢复受损铭文中缺失的文本并帮助识别原始位置和确定创建日期。它单独工作时，修复历史文献受损文字的准确率达到 62%，与历史学家合作，准确率可提高至 72%，而历史学家单独工作，修复的准确率仅为 25%。面对这样惊人的成就，DeepMind 研究团队认为，这只是 AI 工具进入历史学研究的开始。他们正在研究用其他古代语言训练伊萨卡，重塑历史学研究，破译更多的历史未解之谜。中国学者也正在用 AI 研究象形文字，如甲骨文这样的古文字，以更好地了解我们远古的历史。

地球气候研究也是全球科学家们的重大科学课题。对这一领域的研究不但对气候预测、气象预报、减灾防灾、各行各业生产调度、我们的生活和工作等有重大影响，也对地球气候的历史与未来描绘有重大意义。正因为如此，AI 正深入这个领域。2021 年，英伟达发布 Earth-2，这是一个由强大算力支撑的地球气象数字孪生云平台，可供全球的相关科学家和机构使用。经过三年运行和升级迭代，Earth-2 表现出强大的能力，在全球范围内进行气候预测，精度可达 2 公里范围，甚至能进行数十米范围内的超精度预测。预报速度比传统方法快上千倍，实现了从以小时计到以秒计的跨跃。AI 使地球气候科学研究发生了革命性变化。

天文学，是更宏大的科学领域，人类未来的命运，与这门科学息息相关。现在，AI 也进入这一领域并取得进展。美国西弗吉尼亚州绿岸小镇上，通过全球射电望远镜之一的“绿岸望远镜”建立了超大型数据集来训练模型，这个模型用于识别自然天体物理过程无法产生的射电信号，以求探索地外文明。绿岸望远镜可以每秒 1GB 的速度收集宇宙中的海量数据并交由 AI 处理，这些数据含有宇宙起源和演化的重要信息，在人类对宇宙的无尽探索中，AI 可提供越来越大的帮助。

在物理、化学、生物、医学、地理、环境等自然科学以及经济、社会、历史等社会科学的一切科学领域，都可以看见 AI 的身影，它可以帮助研究人员取得重大科学进展。AI for Science 不仅是科学研究的发展方向，也是科学研究方兴未艾的一场伟大实践。

诺贝尔委员会看到了科学领域里的这场巨大变革，于是在 2024 年诺贝尔奖获奖名单中，AI 科学家群体性出现。这是诺贝尔奖的一次历史性变化，是对 AI for Science 浪潮的拥抱。

由于诺贝尔奖对科学发展的风向标意义，2024 年成为科学的里程碑时刻，可以这么认为——诺贝尔委员会对 AI for Science 一锤定音。

第四节 科学新范式

科学的进步，会给人类带来巨大的利益。一项重大的科学突破，往往会带来一个领域或多个领域的科学发展。科学范式变化，对全部科学领域、对技术与工程都有革命性的影响。而人类社会和我们的生活，也会因科学范式变化而发生巨大变化。获得 2004 年诺贝尔化学奖的蛋白质折叠研究，就是科学范式变化带来革命性影响的一个缩影。

DeepMind 的 AlphaFold，本质上是一款具有革命性的 AI 软件，科学家使用这款工具引发了很多领域的巨大变化。这款 AI 工具目前已经发展到 AlphaFold3，免费提供给全球科学家使用。截至本书完稿时，有来自 190 多个国家的 200 多万用户访问了 AlphaFold 蛋白质结构数据库，查看了 700 多万个结构。与传统的蛋白质结构研究方法相比，AlphaFold3 提供了超过 2 亿种蛋白质结构预测，而之前得到科学家解析的蛋白质结构只有 19 万种。所以，AlphaFold 这样强大的工具能帮助科学家以前所未有的效率和准确度获取蛋白质三维结构预测，分析蛋白质、核酸、小分子等生命分子的结构和相互作用。这改变了人类对生命的理解，极大地推动了生命科学、医学、药物学、生物材料等领域的研究工作。

对处于生命科学前沿的基因组进行研究，AlphaFold 帮助科学家解读了基因组数据，尤其是那些尚未被解析的蛋白质序列，还帮助他们理解基因与蛋白质之间的关系，揭示生命的遗传规律。这给基因组学研究带来重大变化。

在药物研发领域，AlphaFold 帮助科学家在药物靶点确定和配体发现方面显著提高了效率和精度，还能帮助预测蛋白质、DNA、RNA 与药物分子的结合模式，分析药物的效果，从而设计出更有效的药物。这加速了药物筛选过程，提高了药物研究效率，降低了成本。

在免疫学研究和疫苗开发领域，AlphaFold 可帮助科学家更深入地研究蛋白质与蛋白质之间的相互作用、蛋白质与核酸之间的相互作用、抗体与抗原之间的相互作用等，是疾病机理、免疫治疗和疫苗方面高效的研究工具。

在环境和生态保护领域，AlphaFold 通过预测酶的结构和功能，帮助科学家设计更高效的酶催化系统，生产出可降解的生物塑料等可再生材料。AlphaFold 还用于研究植物免疫系统，帮助科学家了解植物抵御病原菌入侵的机制，设计有效的植物保护方案。

AlphaFold 这样的 AI 工具，虽然已经有广泛的应用领域，但还正在开拓更广泛的潜在研究领域，由此可看出 AI 对科学范式变化的影响。难怪 DeepMind 宣称，新一代 AlphaFold 模型将推动人类迈向下一个“数字生物学”时代。

2024 年 12 月 10 日，当年的诺贝尔奖颁奖仪式在瑞典皇家科学院举行，颁奖典礼上哈萨比斯发表了惊人的预言——未来十年内人类将治愈所有疾病。之前，他曾经预言十年内人类可能找到治愈癌症的方法，当时他还相对谨慎。这次大胆预言，正是因为看到了 AlphaFold 对科学研究的巨大推动作用。

AlphaFold 还只是科学家目前使用的 AI 工具中的一种。大量功能强大的 AI 工具，正被科学家和工程师们用在科学、技术、工程等无数领域的科学研究中，深刻地改变着这些领域的科研面貌。哈萨比斯在诺贝尔奖颁奖典礼上还发表了另一项预言——AlphaFold 这样的 AI 工具获得诺贝尔奖，这仅仅是开始。

科学范式已经改变，科学家和工程技术人员拿起了强大的 AI 武器，这将极大地推动科学的发展。

18

|第十八章| CHAPTER

人类新征程——AI 的未来

在 OpenAI 发生的，不仅仅是宫斗。

第一节　OpenAI 宫斗与向人类对齐

2023 年 11 月，一路高歌的全球明星 OpenAI 突然发生了管理层大地震，几天之内高层发生重大变动然后又反转，公司动荡之大，远远超出人们的想象。这次戏剧性极强、影响极大的动荡被称为“OpenAI 宫斗”。

2023 年 11 月 17 日，OpenAI 董事会在没有任何征兆的情况下宣布解雇该公司联合创始人、CEO 山姆 · 奥特曼（Sam Altman）。几小时后，OpenAI 另一个联合创始人、董事会主席、总裁格雷格 · 布罗克曼也被免职。

第二天内幕传出，在前一天的线上董事会上，联合创始人兼首席科学家伊利亚 · 苏茨克维告知奥特曼本人他被解雇了。后来的消息确认，伊利亚是这件事的主要推手。

奥特曼在震惊中离去后，包括微软在内的OpenAI投资者向董事会施压，要求他回来。微软还表态，欢迎奥特曼和同事去领导微软的一个AI新项目。2023年11月20日凌晨，OpenAI的770名员工中有738名联名签署公开信，以辞职追随奥特曼去微软为要挟，敦促OpenAI董事会全体辞职并强烈要求奥特曼复职，连伊利亚也不得不签了名。

这场风波在全球惊讶的目光下震荡几天后出现了戏剧性的大反转——奥特曼光速重返CEO席位，董事会重新组建。而伊利亚和一批高级研究人员，后来陆续离开了OpenAI。

这场宫斗隐含AI发展的一个重大问题——快速商业化和与人类对齐之间的矛盾与冲突。为了确保大模型能够按照人类的意愿工作，几乎每个大模型产品内都会被注入一段重要算法，以保证AI的工作与人类意愿对齐。这一算法称为RLHF（Reinforcement Learning from Human Feedback，基于人类反馈的强化学习）。RLHF是结合了人类反馈和强化学习技术的算法，它可通过人类的评价和偏好优化智能模型，使模型更符合人类期望。奥特曼和首席科学家伊利亚的分歧由此而起。

GPT-3起初并不聪明，OpenAI通过RLHF进行人工干预，对会话中的高质量回答加标记给予正反馈，以让GPT给出更多高质量的回答。RLHF就像老师，可帮助刚掌握知识的儿童学会人类正常的沟通表达。ChatGPT的突破，离不开RLHF，而RLHF所做的工作就叫AI对齐（AI Alignment）。

AI对齐可确保AI系统的行为与人类意图、价值观保持一致，让它给出对人类有用、无害的结果。在大模型训练中，对齐已成为最重要且必要的部分之一。AI对齐还要解决模型应用中会出现错误信息、算法歧视、被人滥用、涌现失控等的风险。可以简单地把 AI 对齐比作为人类跟 AI 进化的赛跑，更强的 AI 需要更多的对齐工作。因此，2023 年 7 月 OpenAI 成立超级对齐团队，由伊利亚和安全团队负责人杨·雷克两位科学家领导，他们计划在 4 年内解决超智能 AI 系统的价值对齐和安全问题。

AI 对齐要消耗不少资源，这被称为“对齐税”。希望快速提升产品能力实现商业化的奥特曼和主张 AI 对齐强调安全的伊利亚产生了分歧，最后变成激烈的宫斗。奥特曼回归后，伊利亚和杨·雷克在第二年的 5 月离开了 OpenAI，而成立不到 1 年的超级对齐团队就此在事实上解散了。OpenAI 的公益性也因此重新受到关注。

在 2018 年 2 月，OpenAI 还有一次著名的宫斗，戏剧性同样很强，即奥特曼将马斯克逼出董事会，说后者想控制 OpenAI。但是，当初也是奥特曼努力争取马斯克的巨额资助并将他拉进创始团队。2015 年 7 月，在一场由奥特曼牵头的私人晚宴上，奥特曼向马斯克等多位科技圈巨头提议，成立一家非营利性机构，他慷慨激昂地表示，要对抗谷歌的 AI 霸权，确保 AI 在未来不会消灭人类。晚宴后，马斯克等亿万富翁向充满理想主义色彩的 OpenAI 捐献了 10 亿美金，这打下了 OpenAI 的非营利性印记。

现在宫斗再起，马斯克趁机于 2024 年 2 月对 OpenAI 提起诉讼，认为其违背了非营利性的初衷，转变为以营利为目的的企业。为了应对诉讼和下一步的发展，OpenAI 于 2024 年末进行重大结构重建——一分为二，营利性部门变为特殊公司，追求利润；而非营利性部门继续专注于健康、教育和科学等公益性工作。最引人注目的是，OpenAI 设立之初的目标 AGI（通用人工智能），被重新定义为“在最具经济价值的任务上超越人类的 AI”。

OpenAI 宫斗暂时结束，但必将载入历史并让人长久思考。这不仅是宫斗，与之相关的向人类对齐，是 AI 未来发展中要面对的最重要的问题。

第二节　AGI 快来了吗

通用人工智能即 AGI（Artificial General Intelligence），一直是人工智能的终极目标，也是一代代 AI 科学家、创业者的梦想。奥特曼创立 OpenAI，目标是 AGI，哈萨比斯同样如此。但是，AGI 的定义从未被严格界定，这是一个高度复杂且随 AI 发展而变化的概念。比如，今天的 OpenAI，认为 AGI 是“在最具经济价值的任务上超越人类的 AI”。

在深度学习特别是大模型进入高速发展阶段前，一般认为 AGI 是达到或超越人类智能并有普遍适应性的 AI。这样的认识比较简单粗浅，现在到了从广泛认知、自我学习、自主行动、模拟人类智能、解决通用且开放性跨领域问题、跨模态交互处理等方面，更全面深入地思考 AGI 的时候了。由于 AGI 概念极其复杂，故今天就简单定义它，并评估离实现 AGI 还有多远，并不合适。更何况，我们对大脑和人类智能的认识至今也仍在探索之中。

GPT-4 曾被认为是接近 AGI 水平的代表，它们在复杂任务上的表现有时会超越人类。例如，GPT-4 在模拟律师资格考试中的得分约能排进前 10%（GPT-3.5 得分则排在倒数 10%），在 GRE 考试中能拿到接近满分的成绩。可是，在抽象推理和反向图灵测试中，GPT-4 仍与人类存在较大差距（在图灵测试中，由人去辨别对方是否为机器。在反向图灵测试中，AI 被要求判断对话者是人还是机器）。由此看出，GPT-4 远没有达到 AGI 水平。

尽管如此，随着 AI 技术和应用的快速发展，出现了乐观情绪。不断有人预估 AGI 实现的时间，从原来的 10 年、20 年，缩短到 5 年甚至 2 年或 3 年。奥特曼曾说，AGI 在 2025 年实现。

但是，冷静的声音也不断出现。不少专家认为，由于 AGI 至今缺乏清晰定义，AI 界对其实现时间和路径尚无统一认识。英伟达的 CEO 黄仁勋就明确表示："当我们谈论 AGI 时，必须明确其定义和标准。如果 AGI 的定义是模糊或不可定义的，那么我们就很难给出一个确切的实现时间表。"他认为，如果将 AGI 定义为通过人类测试的能力，那么 AI 在 5 年内就能在每一项测试中都表现良好。

OpenAI 也开始冷静下来。2024 年 7 月提出一套包含 5 个级别的评估系统，用于追踪其在构建 AGI 方面的进展。

第一级是"对话者"。这是能以对话的方式与人类互动的 AI，包括 ChatGPT 及其他常见的 AI 对话助手。目前我们熟悉的各种 AI 大模型基本都属于这一级别。

第二级是"推理者"，能解决基本的推理问题。这一级别的 AI 的水平相当于拥有博士学位但无法使用工具的人类。

第三级是"代理"，即 AI 智能体。这个级别的 AI 能代表用户采取行动。

第四级是能创新的 AI。

第五级是能完成组织工作任务的 AI。这也是实现 AGI 的最后一步。

OpenAI 认为，按照这一分级，OpenAI 目前仍处于第一级，但即将到达第二级。由这一分级可以看出，OpenAI 开始走向务实。另外，重新定义 AGI 也是务实的一种体现。

AGI 是伟大梦想，人类正朝着这个方向一步步前行。

第三节 AI 威胁论的过去与现在

思考和讨论 AGI 实现时间，其中一个目的是提醒人类关注 AI 发展的未来，尤其是重视 AI 对人类的影响。这样的提醒会一直不断。

最新最有影响的声音由辛顿在 2024 年末发出。以前他多次警告要重视 AI 安全性，而这次他直接警告——如今的 AI，已经在取代人类智能。人类只是 3 岁孩童，但 AI 却已经长成了成年人。AI 进步很快，已经到了可怕的地步，10 年内，AI 可能会导致人类灭亡。

10 年内让人类灭亡，这可怕的前景难以想象，但的确出自深度学习之父、刚获得诺贝尔物理学奖的辛顿之口。这是迄今为止针对 AI 未来发出的最严厉警告。

AI 威胁人类的言论从来没有断绝。2016 年 AlphaGo 击败人类冠军后，全球媒体关注的焦点也超越围棋，聚焦 AI 与人类的未来。当时，新一轮担忧出现：AI 会超越人类智能吗？什么时候超越？AI 会威胁人类吗？在一天天强大的 AI 面前，人类将何去何从？

而貌似能解答这些问题的智者，也一个一个适时出现。2017 年初开始，牛津大学历史学博士、以色列希伯来大学的历史系教授尤瓦尔·赫拉利（Yuval Harari）的新书中文版上市，书名叫“未来简史”（*Homo Deus*：*A Brief History of Tomorrow*）。虽然冠以历史，但全书却是在描述人类未来，尤其是AI影响下的人类未来。书名中拉丁文Homo Deus，意思是人神或神人，翻译者处理为智神。作者的上一本畅销书《人类简史》讲述作为智人的人类，如何创造了今天的辉煌，而新书则讲述人类的新阶段，即受到AI强烈影响的阶段。书中有一个关键、极端、备受争议的观点，那就是在AI影响下，大部分的人类可能变成无用阶级，只有少数人进化出特质变成智神（人神）。

《未来简史》当时引起了广泛关注，也受到广泛严厉批评。英国《经济学人》杂志尖锐抨击《未来简史》是“一部肤浅、华而不实的作品。”但这些批评似乎没有影响书的热销，书中观点，如认为无机算法（机器算法）会超越有机算法（生物算法，即人类算法）、智人（今天的人类）会失去统治力等，都广为传播。

而美国发明家、未来学家雷·库兹韦尔（Ray Kurzweil）的《奇点临近》一书在十多年前也在国内风行。作者同样对未来大胆假设，不但预言AI会超过人类智能，还预言未来AI和人类会紧密结合，形成人机系统。他甚至敢预测具体时间，说21世纪40年代中期，人机融合的奇点（突变点）时刻就会来临。最近，他又说奇点到来的时间会提前。

2017年1月新华社记者采访尤瓦尔·赫拉利，直截了当地问他“人类未来是悲观还是乐观?”他的回答是——总体乐观，关键在于全球合作。对于AI可能带来的问题，最重要的是处理好人类和技术的关系，让技术服务人类，而非奴役人类。AI问题，以及生物技术可能带来的问题、气候变化问题，都需要全球共同应对，因为没有一个国家可以单独解决这些问题。从历史上看，人类总能直面挑战。比如20世纪五六十年代，人们曾担心核武器会毁灭地球，但最终，人类用智慧解决了这一问题，保持了总体和平形势。

赫拉利抱有的这样的认知，与多数人的意见并不相左。2024年他的新书《智人之上：从石器时代到AI时代的信息网络简史》在中国推出，已经没有什么争议了。但是，由于媒体的推波助澜，名人们对AI未来发展的各种负面分析和预言更加集中和突出，使AI威胁论形成舆论涟漪，一波接一波扩散。

而主流AI专家和学者，一直坚持反对AI威胁论。Meta公司AI实验室主任、纽约大学计算机科学教授杨立昆，是深度学习的主要奠基者之一，他非常反感AI威胁论。他在2014年4月在接受IEEE《Spectrum》采访时表示，AI研究者在之前很长的一段时间内都低估了制造智能机器的难度。AI的每一次新浪潮，都会带来这么一段从盲目乐观到不理智、最后到沮丧的阶段。他十年前的话，现在看来也适用。

今天出现AI威胁论和盲目悲观的预言，很像是进入一片生机勃勃的茂密森林的人，迷失了方向和路径。如果能登上森林之巅远望，回顾来路，远眺前方，那结论可能完全不同。

历史是一面镜子。《互联网进化论》作者、中国AI专家刘峰博士这样分析：历史上，我们一路在恐惧中走来，恐惧过日食，月食。新技术革命后，我们的恐惧更为频繁，害怕过机器，恐惧过机器控制人类；害怕过火车，认为它会破坏龙脉；害怕过电视，担心永远沉迷于节目中；害怕过千年虫，认为它会导致社会大混乱。现在开始恐惧人工智能，担心人类变为奴隶，甚至木偶。这种恐惧依然是历史上种种恐惧的延续。

是的，现在的 AI 威胁论，依然是人类“未来不确定恐惧症”的延续，每当重要的新事物出现时，这种恐惧症就会周而复始地出现。而这样的恐惧症，往往由于名人和智者一时的或片面的言论而加重，甚至出现了 AI 会终结人类的呓语。

为 AI 发展作出奠基性贡献的阿兰·图灵，既是智者，又是名人。他系统研究过机器能否思考、机器是否具有智能这类问题，并很早就预言过计算机的未来。图灵 1954 年不幸去世后，他的母亲莎拉·图灵（Sara Turing）写了一本影响很大的书，书中引用了与图灵最亲近的同事、英国数学家纽曼的夫人的一封信。纽曼夫人在信中写道：“我记得大约是 1948 年，阿兰同我丈夫坐在我家位于鲍顿的花园里讨论计算机及其未来动向。我未能参加这次讨论，但不少话语传入了我的耳中。突然我听到一句话，使我不禁全身打战。阿兰沉思地说，我推测当计算机发展到那个阶段，我们将可能不了解它是怎么工作的。”图灵对计算机未来的思考，不仅影响了在场的纽曼夫人，也曾影响了那一代人。但是，快 80 年了，我们看到的是什么？还有人会因计算机的未来恐惧得全身打战吗？所以，我们可以把辛顿给出的“AI 在 10 年内毁灭人类”的言论当成提醒与警告，但不必恐惧。10 年是历史中的一瞬，我们看得到。智者的预言失效，这不是第一次。

第四节　伦理与治理，未雨绸缪的“军规”

虽然对 AI 不必恐惧，但人类应一直高度重视 AI 对人类安全的影响。早在 20 世纪 40 年代，当现代电子计算机还没有出现，机器人也只是存在于科幻小说中时，美国科幻作家阿西莫夫就提出了“机器人三原则”。

第一原则：机器人不得伤害人类，或因不作为使人类受到伤害。

第二原则：除非违背第一原则，机器人必须服从人类的命令。

第三原则：在不违背第一及第二原则的情况下，机器人必须保护自己。

长期以来，人们把阿西莫夫这三条原则看作人类与机器人打交道的准则，也是早期的 AI 伦理。

2017 年 1 月，当深度学习带来新一轮的 AI 复兴时，在美国加州的阿西洛马（Asilomar）召开了“阿西洛马会议”（The 2017 Asilomar conference）。马斯克、哈萨比斯等 844 名 AI 和机器人领域的专家们基于对 AI 迅猛发展的深切关注，联合签署了“阿西洛马 AI 原则”（Asilomar AI Principles），这一文件也称为阿西洛马宣言。宣言呼吁全世界的 AI 工作者遵守这些原则，共同保障人类未来的利益和安全。

阿西洛马 AI 原则分为 3 类 23 条。第一类为科研问题，共 5 条，包括研究目标、经费、政策、文化及竞争等；第二类为伦理价值，共 13 条，包括 AI 开发中的安全、责任、价值观等；第三类为长期问题，共 5 条，目标是应对 AI 可能造成的灾难性风险。这 23 条原则，也被称为“二十三条军规”。这样的比喻借用了美国著名作家约瑟夫·海勒的黑色幽默小说《第二十二条军规》的书名，含义是为 AI 的不规范或非法行为设置不可逾越的障碍和禁区。

AI 科学家商定阿西洛马 AI 原则，反映出 AI 应用日趋成熟的同时，人类面对的人机伦理问题更为复杂，因此对 AI 的今天和未来的思考要更加成熟和周密。人们已经在伦理和法律上认真探讨对 AI 进行实际有效的管控。

权威的国际组织也在行动。联合国教科文组织一直重视技术伦理的研究，阿西洛马 AI 原则出台前 1 个月，也就是 2016 年 12 月，联合国教科文组织的顾问机构——世界科学知识和技术伦理委员会（COMEST）新技术研究的一个工作小组，发布了一份报告草案，报告审视了使用自动机器人及人机互动的相关伦理问题。报告指出，快速发展的高度智能自动机器人，很可能会挑战现有的道德划分标准。报告坚定指出，机器人行为即便再复杂、再智能、再自动化，仍然是由人类决定的。由于设想未来机器人可能会变得更高级（可能达到能通过经验学习来设定自我的程度），因此，它们的规则系统会成为值得认真考虑和反思的问题。报告还认为，如果机器人的自主性发展到有必要对其进行伦理制约的程度，可以通过将专门的伦理代码编程到系统中，来防止它们作出会对人类造成危害的行为（如威胁人类和环境）。报告特别指出，考虑到当代机器人的复杂性，当机器人功能紊乱而伤害到人类的情况出现时，谁应该承担伦理和法律责任是一个新的研究领域。

COMEST 又在 2019 年提出《人工智能伦理问题初步研究》报告，这些研究成果都被联合国教科文组织后来的建议书使用了。

2021 年 11 月，联合国教科文组织在法国巴黎发布了《人工智能伦理建议书》（下文简称《建议书》），《建议书》于 2018 年立项，由全球24人专家团撰写，经历193个成员国之间长期多边谈判修订完成，在联合国教科文组织第41届大会上获得通过。这是全球首个针对AI伦理制定的规范框架。

《建议书》明确了规范AI技术的10个原则和11个行动领域，旨在让AI系统造福人类，包括个人、社会、环境和生态系统，同时防止危害人类，旨在促进和平利用AI系统。《建议书》不仅注重价值观和原则，还着力于通过具体政策建议落实这些价值观和原则。它是全世界在政府层面达成的最广泛共识，是全球AI发展的共同纲领，为进一步形成AI有关国际标准、国际法等提供了强有力参考。

2019年起，欧盟一直布局AI监管，发布AI伦理准则并出台《人工智能白皮书》。2021年欧盟提出《人工智能法案》(简称《AI法案》)，是全球首个AI监管法案，适用于任何使用AI的产品或服务。经过很多风波，2024年2月，欧盟27国代表一致支持《AI法案》，同年5月，欧洲理事会正式批准《AI法案》，同年8月正式生效。

2022年10月，美国发布了《人工智能权力法案蓝图》，预防滥用AI技术带来的风险。2023年1月，美国国家标准与技术研究院发布了《人工智能风险管理框架》。

2024年12月，韩国议会通过了《人工智能发展与信任基础创建法》(简称《AI框架法案》)，计划2026年1月开始实施，法案聚焦于建设治理体系、支持产业发展、防范可能风险3个方面。

中国在AI立法方面也在积极探索和推进。2017年，《国务院关于印发新一代人工智能发展规划的通知》提出了人AI立法

“三步走”战略目标，要求构建完善的“人工智能法律体系”。我国近年连续将AI相关法律草案列入国务院立法工作计划。2021年12月中央网信办发布的《互联网信息服务算法推荐管理规定》，对算法治理进行规范。2023年8月，我国首部《生成式人工智能服务管理暂行办法》正式施行，专门对生成式AI进行管理。

各国在AI方面的协同与合作也在加强。2023年11月，首届全球人工智能（AI）安全峰会在英国布莱切利庄园举行，包括中国、美国、英国等在内的28个与会国共同发布《布莱切利AI宣言》（Bletchley Declaration）。这是全球国家合作的第一份针对AI安全的国际性宣言。这个宣言肯定了AI在改善人类福祉上的巨大潜力，也警告了在发展AI过程中有意或者无意带来的伤害，希望通过法律法规等避免相关风险。与会国同意通过国际合作，建立AI监管方法。

上述的宣言、报告、法案，都只是人类行动的第一步。对AI时代人机伦理的探讨与研究，以及相关法律的制定与完善，将是一项永不休止的基础性工作。人类对AI的未来，已经在未雨绸缪，正在进行各种周密准备。

AI是人类亲密、可靠的智能“伙伴”，我们完全有信心和能力，让未来美好家园里，永远不会出现终结人类的机器恶魔。

第五节　人类的新征程

给人类带来巨大影响的AI在继续前行，在信息新环境和发展新目标下的AI，正翻开一页页历史新篇章。

华裔女科学家李飞飞，在2017年对当时的AI现状进行了形象的描述。她认为，在 2010 年之前的几十年里，AI 可称为“AI in vitro”（in vitro 即试管内、生物活体外）阶段。这一阶段为研究 AI 的基础问题及众多子学科打下了基石，包括机器人、计算机视觉、自然语言处理、语音处理等，也是不断理解数据、寻找工具集的过程。

2010 年左右是一个分水岭。这时，3 个不同领域的进步终于达到了一个前所未有的高度：统计机器学习领域工具的成熟、互联网和传感器带来的大数据、摩尔定律预测的硬件计算性能提升，这三者的合力，把 AI 从 in vitro 阶段，推入“AI in vivo”（in vivo 即生物活体内，也可理解为胚胎）的全新阶段。

从那之后，AI 从试管进入人类社会这一巨大生命体，与人类社会共生共长，并不断作出巨大贡献，影响和改造了无数行业。

李飞飞强调，这一切刚刚开始，现在 AI 领域的工具和革命性技术，仅是广袤海洋中的几滴水。可探索空间和能借助 AI 解决的问题，几乎是无限的。

8 年过去了，今天再来看李飞飞的分析，她关于“AI 还是胚胎、正在与人类社会这一巨大生命体共生共长的精彩描述”没有过时，反而显得更为准确。

生成式 AI 风起云涌，通用 AI 在前行，但 AI 不是辛顿所言的成人，更不能脱离人类社会这一生命体独行。AI 专家们比较一致的观点是，今天的 AI 在感知和认知方面已经取得了长足的进步，常常超过人类智能。在推理方面也在追赶人类智能。而在情感和自主意识方面，AI 与人类智能还有非常大的差距，这也是人类会长久探讨与努力的方向。

中国工程院院士潘云鹤认为，AI 正在进入一个新阶段，即 AI 2.0 阶段。他给出的初步概念是：信息新环境和发展新目标下的新一代 AI。其中，信息新环境是指互联网与移动终端的普及、传感网的渗透、大数据的涌现和网上社区的兴起等。新目标是指智能城市、智能经济、智能制造、智能医疗、智能家居、智能驾驶等智能化新需求。

中国工程院院士、鹏城实验室主任高文从另外一个角度分析了 AI 发展的未来。他认为，我们现在所解决的 AI 问题还是很小的一部分。AI 涉及的问题可以分为 4 个部分。

第一部分是可统计、可推理的 AI 问题。什么叫“可统计”？只要数据多了，通过统计就可以找到规律。什么叫“可推理”？这是指知识之间的逻辑关系、因果关系能归纳出来。可推理既可能是基于大数据的推理，也可能是基于符号的推理。现在对这部分 AI 问题的研究和应用已经逐步成熟并成功应用了。

第二部分是不可统计、可推理的 AI 问题。若是因为数据不完备导致数据过于稀疏，或者是因为难以对数据的特征进行描述导致无法表达，这样就没有办法进行统计，但是可推理，可以写出正确的规则。这部分 AI 问题靠大数据解决不了，只能靠传统的逻辑和规则来处理。

第三部分是可统计、不可推理的 AI 问题。通过大数据都能统计出规律，但是用语言表述逻辑和因果关系相当复杂。这部分 AI 问题中有些用神经网络可以解决，但用推理的方法很难解决。这方面的曙光已经初现，但是需要更多的突破。ChatGPT 正是在这个问题上出现了大的飞跃。

第四部分是不可统计、不可推理的 AI 问题。这是最难的 AI

问题。未来这方面难以很快有作为。因为对于这类问题到今天连我们自己都不能说清楚。比如人类有很多顿悟，不能通过统计证明，也不能通过推理证明。这类问题未来机器人不可能涉足，也就不可能胜过人了。

从高文院士的分析中可以看出，AI 虽然已经取得了巨大成功，但未来征程依然漫长。AI 发展的方向之一是向人脑学习。AI 的初心正是探索人脑奥秘，研究人类思维规律。在 AI 发展过程中，AI 科学家常常受人脑工作机制的启发，神经科学家对人脑研究的成果往往被 AI 研究借鉴。从人工神经网络发展到深度学习，就是很好的例子。虽然今天的 AI 技术相对具有独立性，以致有人认为与人脑没有太大的联系，但无论是 AI 科学家还是神经科学家，都保持着对人脑这一宇宙精灵的高度尊敬与重视，期盼对人脑的深入研究能够在未来 AI 发展中发挥重要作用。

复旦大学类脑智能科学与技术研究院院长冯建峰教授列举了脑科学与类脑智能的 4 个研究方向。

1）**大脑神经网络分析**。用现代生物学手段采集遗传、分子、神经元等多模态的脑影像和各种数据。用高维大数据新算法，辅助解析大脑工作和信息处理机制，尤其是神经元集群的学习、记忆、抉择、语言等认知功能的机制，加深对大脑信息处理机制的理解。

2）**认知机制计算模型**。研究脑系统的数学模型，尤其是神经反馈连接作用、认知和学习功能，设计新型高效的类脑智能算法。

3）**类脑智能算法创新**。用生物学发现来创新或改进已有深度学习计算框架和相关理论。

4）**类脑智能技术应用创新**。发展新智能控制器和各种智能设备。

这样对研究方向的描述，是脑科学研究应用于 AI 的一张路线图。

长期以来，人们认为记忆、学习机制与人脑中神经元之间的突触连接方式和强度相关。被称为“现代神经科学之父”的西班牙神经解剖学家、1906 年诺贝尔生理学或医学奖得主圣地亚哥 · 拉蒙 · 卡哈尔（Santiago Ramóny Cajal）在 100 年前就认为，记忆存储于突触间。他提出假说：增加突触的数量或连接的强度，可能是学习的基础。1949 年，加拿大心理学家唐纳德 · 赫布（Donald Hebb）把这一假说发展为原则，随后成为主流观点——学习的基本机制是突触连接强度的变化。2000 年诺贝尔生理学或医学奖得主、美国神经科学家埃里克 · 坎德尔（Eric Kandel）也总结出学习和记忆的细胞生物学原则，认为突触连接强度变化足以改变原有神经网络结构及其信息加工能力，不同形式的学习可以弱化或强化突触连接强度，短时记忆下信息存储时间的长短也取决于突触连接强化或弱化的时间长短。

总之，科学家们以前认为学习和记忆取决于突触连接。这样的认知也影响了 AI，如在人工神经网络中，对神经元之间的“突触权重”的调整一直是机器学习研究的重要内容。瑞典隆德大学的盖蒙德 · 赫斯洛（Germund Hesslow）等科学家研究发现，不仅是突触连接，神经元本身在学习过程中也扮演了重要角色，单个神经元就可以编程，而且信息存储能力也超过预期。神经元本身具有学习和记忆的机制，这是一个新的发现。目前这还处于初步研究阶段，这项研究针对的也只是小脑的 Purkinje（浦肯野）

细胞，与我们常说的大脑神经元有所不同。但这一研究确实改变了以前对神经元细胞学习能力的认知，让人们对大脑学习的方式和潜能有了新的认识。

沿着这个方向，脑科学家们可能更深入认识大脑工作机制，AI 科学家们也可能受到重大启发。有人甚至认为，这会影响对新一代深度学习神经网络的研究。

AI 的发展与计算机的发展密切相关，摩尔定律曾经造就了信息技术的繁荣，为 AI 走到今天铺平了道路。虽然摩尔定律已经放缓脚步，或者说已经开始失效，但人类未来依然没有放弃对获得强大计算能力的追求。

英特尔创始人之一戈登·摩尔（Gordon Moore）提出的摩尔定律在不同时期有不同的表述，它的内容大约是：价格不变时，集成电路上容纳元件的数量，每 18 个月翻 1 番，性能也同时提升 1 倍。由于物理规律的限制，集成电路元器件密度现在已经不能像过去几十年那样增加，半导体工业没有因为摩尔定律可能失效而停步，2025 年芯片由 3 纳米发展到 2 纳米。而且，芯片性能提升还有其他途径。

用 GPU 促进了深度学习发展的英伟达，继续开发算力强大的芯片，2025 年 1 月发布的全新 GB10 超级芯片，单芯片可提供每秒 1 000 万亿次浮点运算（PFLOPS）的算力，搭载这款芯片的全球最小的个人 AI 超级计算机 Project DIGITS，能在办公桌上运行包含 2 000 亿个参数的大模型，这为端侧大模型进入办公室和家庭、进入移动设备奠定了基础。

另辟蹊径，挑战摩尔定律的路径还包括开发 AI 专用芯片，这是让性能提升和摩尔定律赛跑，NPU（神经网络处理器）、DPU

（深度学习处理器）等芯片应运而生。谷歌沿着这个方向不断探索，从 2015 年开始，谷歌推出第一代深度学习芯片 TPU（张量处理器，专为加强深度神经网络运算能力），并用于 AlphaGo。到 2024 年 12 月，最新的 Trillium 已经经历 7 代，每一代的性能都有指数级提升，如 Trillium 性能为 2023 年发布的 TPU v5e 的 4.7 倍，TPU 代际性能提升幅度超过摩尔定律的描述。

AI 发展不可或缺的计算能力，未来仍将大幅提升，同时在能耗方面得到控制，助力 AI 迅猛发展。

针对 AI 未来发展与工作岗位变迁这个引人瞩目的问题，也一直有研究报告出现。早在 2017 年，瑞银财富管理就预测了到 2030 年的工作岗位情况。《亚洲前瞻：人工智能如何塑造亚洲新面貌》研究报告预测，在 AI 驱动创新的潮流下，亚洲地区中长期将有 3 000 万到 5 000 万个工作岗位受到影响，但随之而起的新工作机会会减小此影响。报告认为，AI 会影响大量的岗位，但从总体上看，AI 不大可能导致就业危机。亚洲员工整体生产力会随着 AI 的崛起而显著提高，将有充分的机会来提升技能，并转向其他创造性领域，最终 AI 会在亚洲创造数百万个新的就业机会，因此净失业率应会大幅降低且相对可控。

报告给人以启示：AI 是会大量影响工作岗位的，但如果应对得当，社会的整体就业情况反而会得到改善且可控。工业革命以来的经验与事实也可以作为佐证，机器的广泛使用使从事农业和手工业的人大量减少，但全社会就业岗位却大量增加。信息技术革命也是如此。水银泻地般渗透进各行业的信息技术，影响了无数旧的工作岗位，但我们也目睹了新的岗位在源源不断地产生出来。有人曾经计算过，如果没有数字程控交换机，那么即使有一半以上的美国妇女从事电话接线员的工作也忙不过来。但今天她们在哪里？在其他岗位上。这是新技术调整工作岗位的一个典型例子。历史这面镜子，可以照见 AI 的未来。

AI 对人类未来的全面影响，在日内瓦举办的联合国第一次 AI 峰会也对此进行了详细讨论。2017 年召开的这次大会，名为“AI 造福人类峰会”(AI for Global Good Summit)。大会宗旨由名字可以看出——集中讨论如何让 AI 作为工具帮助人类解决难题，造福人类。峰会列举了 17 个可持续发展的目标，供全球相关人员去思考 AI 的应用方向。

1）消除贫困：将贫困与预测大数据分析建立联系。

2）零饥饿：增加农业产量。

3）医疗健康和高质量生活：大数据医疗分析。

4）素质教育：用个性化教学变革教育。

5）性别平等：明确性别不平问题，发起性别平等招聘。

6）清洁用水和公共卫生：有效改善清洁水源供给。

7）可承担的清洁能源：改进光电能源获取方式和效率。

8）体面的工作与经济增长：通过智能自动化提高生产率。

9）产业创新与基础设施：帮助产业创新。

10）减少不平等现象：建立更包容的社会（如助残机器人应用)。

11）可持续城市与社区：通过传感器数据支持城市规划决策。

12）负责任的消费与生产观念：预测最优生产从而减少浪费。

13）气候行动：对气候变化进行建模以预防灾难。

14）水生生命：通过模式识别软件追踪非法捕鱼。

15）陆地生命：控制盗猎行为，监控物种安全。

16）和平、公正和强大的机构：减少政府歧视和腐败。

17）有目标的合作：多方合作至关重要。

尽管这 17 个目标还不能涵盖人类需要解决的全部问题，但涉及的 AI 应用领域已经相当广泛了。借助 AI 的力量来应对人类面临的巨大挑战，是人们对机器的美好期待。AI 任重道远。

19

|第十九章| CHAPTER

中国传奇正在书写

中国在 AI 发展史中的贡献已不可被忽视。

第一节 AI 名人堂里来了中国人

在人类文明发展的历史长河中，中国科技曾经作出过巨大贡献。但是，在近代科技革命和工业革命中，中国人遗憾地缺位了。令人高兴的是，在当前波澜壮阔的 AI 革命潮流中，中国力量开始崛起。崛起速度之快，举世瞩目。

中国科学院自动化所研究员王飞跃先生曾经讲过这样一个故事：2006 年，为纪念 AI 诞生 50 周年，全球很有影响的杂志《IEEE 智能系统》(*IEEE Intelligent Systems*) 决定编辑一期专刊，总的题目叫“AI 的未来”。杂志快成刊时才发现，里面竟然一篇来自中国的文章都没有。在临出刊的最后一刻，才由他和陆汝钤院士、旅美学者曾大军三人赶写了第一篇反映中国 AI 发展现状的文章《AI 研究在中国：50 年路上》(AI Research in China：50 Years Down the Road)。由此可见，虽然那个时候华人 AI 科学家已有一定成就和影响，但就整体而言，中国力量并未受到重视。

情况很快发生了变化。2011 年，王飞跃担任这个在 AI 领域影响力第一的杂志主编已经 3 年了，他主持了第一届《AI 名人堂》评选活动，第一届评出的 10 人中，图灵奖得主就有 8 人。

2016 年，第二届《AI 名人堂》评选拉开帷幕。来自美国、欧洲、亚洲的 AI 刊物的 11 名专家匿名投票，全程保密。当年 10 月，第二届《AI 名人堂》揭晓，评选出 50 位 AI 名人，加上第一届的 10 人，60 位名人济济一堂，纪念 AI 诞生 60 周年。

60 位名人，从古代哲学家亚里士多德、近代数学家兼物理学家帕斯卡，一直到当代的 AI 科学家辛顿，都是两千多年间对 AI 思想、理论、技术形成和发展有重要影响的人物，都载入了名人堂史册。其中有 7 位中国人——吴文俊、戴汝为、陆汝钤、张钹、李德毅、潘云鹤、郑南宁。如果加上美籍华人王浩、傅京孙，那么一共有 9 位华人。

尽管 AI 名人堂入选原则尚待商榷，但中国在 AI 发展史中的贡献已不可被忽视。

第二节　国际学术会议因春节改期

观察中国 AI 发展的窗口之一是科研现状。从 2012 年起，中国在 AI 领域发表论文的数量已经超过美国，在计算机领域也是如此。这一年，中国 AI 专利申请数量和授权数量也第一次超过美国。在近年来飞速发展的深度学习领域，根据美国科学情报所编制的SCI（Science Citation Index，科学引文索引）收录的数据，从2014年开始，中国发表的深度学习论文，无论是论文数量还是有效引用率，都超过了美国。美国白宫也在AI相关的报告中，多次提到中国发表的研究论文数量已经超过了美国。科研论文的数量，并不能完全代表整体科研水平的高低，美国目前仍然在AI研究前沿保持着一定优势。但是，中国AI科研人才的广度和厚度，已经得到充分显示。

由于中国AI研究论文数量多、采用率高，相关的重要国际学术会议开始考虑中国学者参会的情况。2017年初发生的一件事有一定代表性。国际人工智能协会（AAAI）年会原定于在2017年1月底在美国新奥尔良召开。可是，那个时间刚好是中国春节，会影响中国学者到会。AAAI主席苏巴劳意识到这一点，知道春节对中国人的重要性如同圣诞节对西方人的重要性。他说，没有人会把这样的会议安排到圣诞节召开。于是，AAAI会议推迟一周，避开了春节，地点也改在旧金山，方便中国学者出席。在这次国际学术会议上，中国研究人员表现突出，大会接纳的中美两国论文数量相当。苏巴劳评价说，在三四年前，情况还截然不同，这既让人惊讶又令人印象深刻。这次会议，是中国AI科学家努力拼搏和不断取得成就的一个缩影。

中国不仅在AI领域发表论文数量连续多年世界第一，在高水平论文方面也一直在追赶最强者。比较能反映这一状态的是，对顶尖研究成果云集的三大国际学会所采纳论文的分析。三大重要AI国际学术会议NeurIPS（神经信息处理系统大会）、ICML（国际机器学习大会）、ICLR（国际学习表征会议），每年都会收到几万篇论文，能通过专家评审并被采纳的论文为其中两到三成，这些论文背后的作者和机构的数量，能在一定程度上反映相关国家的 AI 前沿高水平研究成果。

2020 年至 2024 年，这三大 AI 顶会的论文发表情况发生很大变化。2020 年时，这类论文发表的数量还呈现“美国一家独大”的局面。来自美国的机构当时占据了机构榜单前 7 名，在前 20 名中占据 13 席。到 2024 年，被采纳论文排名前 50 的机构，作者人数居第一的美国为 14 766，排在第二位的中国为 8 491，中国在 4 年内增加到之前的 8 倍。在作者人数排名前 10 的机构中，已有 4 家来自中国，清华大学排第二位，北京大学排第六位。

第三节　开放环境创造中国 AI 未来

中国在 AI 方向的发展引起全球关注，美国更是如此。美国将 AI 视为国家战略竞争高地。2017 年 2 月 3 日的《纽约时报》发表了普利策奖获得者、科技记者约翰·马尔科夫的联名专栏文章，标题就十分火爆——“中国赢得对美国的 AI 军备竞赛”（China Gains on the U.S. in the Artificial Intelligence Arms Race），尽管在网站上，他们将中文版的标题改为“中国 AI 赶超美国不是梦话”，去掉了火药味，但仍然非常吸引眼球。文章认为，在 AI 时代，不仅人们生活会因此改变，AI 还会将国家之间的科技竞争拉到相对平等的起跑线上。文章还详细描述了来自中国的竞争。文章称，在美国，中国会不会在 AI 和机器人技术上迅速赶上美国，这个问题正在被热烈讨论。到 2017 年 5 月 27 日，马尔科夫再次在《纽约时报》撰文谈中国 AI，标题依然火热——“中国在 AI 上智胜美国？”（Is China Outsmarting America In AI？）。他根据自己一周前在中国实地观察的感受，谈中国 AI 赶超美国的动态，预言未来中国或许会成为 AI 领域的最大玩家。

吴恩达在接受《纽约时报》采访时认为，美国可能有些过于目光短浅和自信，理解不了中国竞争的速度。很多时候，中国和其他地方都在同时发明某样东西，或是先在中国发明出来了，后来传到了海外，但美国媒体只报道美国版本。这导致外界误以为那些想法是现在美国发明出来的。

美国政府对这一竞争态势很敏感，采取了一系列措施，从 AI 技术到投资，从算力芯片到大模型，甚至到学术交流等，都进行了限制和制裁，妄图阻止中国 AI 的前进步伐。

但中国一直在营造 AI 发展的开放环境，任何国家的 AI 发展都不可能在封闭环境内进行，一定要融入全球科研和产业发展大环境中才能获得丰富而鲜活的思想和技术资源。中国的 AI 发展，特别得益于改革开放以来的良好环境。

在人才开放方面，自 20 世纪 80 年代以后，大量的中国留学生到全世界特别是到发达国家学习和工作，他们之中涌现出大量全球知名的优秀 AI 人才。无论他们在国内或国外工作，始终保持着对全球 AI 研究最新动态的关注与追踪，保持着与全球同行的密切联系与交流。阵容强大的华人 AI 科学家队伍，与同行一起活跃在 AI 大舞台。

开放从来都是双向的。中国的巨大市场和充沛的科技人力资源，也一直吸引着全球高科技企业到中国创办研发机构。微软、IBM、英特尔、谷歌、高通、苹果等都相继创办在华研发机构。到中国建立研发机构的还包括欧洲和日本的著名高科技企业。这些机构可促进 AI 技术和人才的双向交流，对中国 AI 发展起着积极的作用。

近年来的新动向是，中国的科技公司也纷纷到国外建立研发机构。百度硅谷实验室早就在硅谷森尼维尔成立，硅谷著名 AI 科学家、谷歌大脑创建人之一的吴恩达博士曾担任百度首席科学家，全面负责百度研究院并领导百度在硅谷和北京的实验室。百度硅谷实验室一直在语音识别、人脸识别、图像搜索、无人驾驶方面进行前沿研究。腾讯在西雅图建立了 AI 实验室，微软研究院前语音识别专家、首席研究员俞栋博士任负责人。腾讯在西雅图的 AI 实验室，致力于语音识别、自然语言理解等基础研究。腾讯在这里设立实验室大有深意，西雅图是微软总部所在地，而微软被称为 AI 的黄埔军校，腾讯 AI 实验室设到微软家门口，表明腾讯有长远的抱负。

对重要的 AI 技术开源，也是开放环境的一个标志。作为中国 AI 后起之秀的深度求索公司很有气魄，对自己刚研发出的高性能大模型果断开源，而且开源得很彻底。DeepSeek 不但可以在全球免费使用和下载，还公布了详细技术文件。这样的开源，在全球引起对 DeepSeek 下载和接入的热潮。随着对 DeepSeek 的广泛使用和研究开发，也会促进 DeepSeek 迭代与完善。DeepSeek 很有希望逐步发展成为中国人创建的 AI 技术应用生态平台。

国外企业到中国本土建立研发机构，中国本土企业走出去建立研发机构，重要的技术开源，这样的开放技术交流趋势成为中国 AI 发展的重要特征。遍布全球的华人 AI 科学家和工程师队伍与中国本土的强大 AI 人才大军融合，共同为建立全球性的 AI 发展开放环境作出独特的贡献。

近年来中美竞争态势在一定程度上影响了中美之间在 AI 领域的双向交流，但中国一直保持开放，以求让 AI 技术造福全球人类。

第四节　宏伟的国家 AI 发展蓝图

鉴于 AI 在国际竞争中的战略地位和为中国人民创造福祉的重要作用，中国政府高度重视发展 AI。在 2017 年 3 月举行的“两会”上，AI 出现在《政府工作报告》中。同年 7 月 8 日，国务院印发了《新一代人工智能发展规划》，明确将 AI 作为国家重要的发展战略。这个规划对完善中国 AI 领域研究布局，对发展 AI 的目标和任务提出了指导意见。这个规划还提出了要构建开放协同的 AI 科技创新体系，培育高端高效的智能经济，建设安全便捷的智能社会。

这是从国家层面对 AI 进行系统布局的宏伟蓝图。这份蓝图从基础理论、支撑平台、关键技术和应用等方面对 AI 产业发展做了详细部署，必将有力促进中国 AI 技术和理论的创新，有力推动中国 AI 的广泛应用及产业化。

《新一代人工智能发展规划》提出了“三步走”的发展目标。

1）**到 2020 年**：AI 总体技术和应用与世界先进水平同步，AI 产业成为新的重要经济增长点。

2）**到 2025 年**：AI 基础理论实现重大突破，部分技术与应用达到世界领先水平。

3）**到 2030 年**：AI 理论、技术与应用总体达到世界领先水平，成为世界主要 AI 创新中心。AI 核心产业规模超过 1 万亿元，带动相关产业规模超过 10 万亿元。

竞争力达到国际领先水平，这是何等的气魄。如此豪迈的规划目标，由中国政府谨慎负责地公开宣布，让人们看到中国发展 AI 的坚定决心，也让人们看到中国 AI 的辉煌未来。

第五节　奔跑吧，中国 AI

中国 AI，尽管前面关山重重，还有领先强国设置的重重路障，但青山遮不住，毕竟东流去，中国 AI 的发展任何力量都阻挡不住。依托中国的广阔市场、巨量的数据和人才、产业基础，以及改革开放的国策，中国 AI 在大步前进。

著名科技媒体雷锋网创始人林军及其同事岑峰撰写的《中国人工智能简史》(虽然称为简史，也是分量沉重、分为上中下册的皇皇著作)，真实地记录了中国 AI 历程，从筚路蓝缕到今天的生机勃勃，读来给人启示与信心。

按照《中国人工智能简史》的叙述和书中专家们的回忆，中国 AI 推开世界的大门，要从 1979 年算起。那年，数学家吴文俊和陈景润应普林斯顿高级研究院的邀请，登上赴美交流的班机。两年前的 1977 年，吴文俊在《中国科学》期刊发表论文《初等几何判定问题与机械化证明》，他的方法被誉为“吴方法”，这个方法让 AI 能有效证明几何定理，并被应用到其他数学领域。吴文俊在美国看到了世界 AI，世界 AI 也从此看到了中国 AI。

从那时起，中国 AI 走上快速发展之路。在学术界的成就，本章的前面已经叙述，产业界的发展也引人关注。在 AI 的各个领域，中国都出现了数量庞大且有竞争力的公司。就以这一轮的生成式 AI 为例，中国公司的发展速度引人瞩目。

2022 年 11 月 ChatGPT 推出后，中国科技公司很快纷纷发布自己的大模型产品。在 2023 年形成了所谓的“百模大战”。百度、字节跳动、阿里、腾讯、科大讯飞等科技巨头的大模型产品很快上线。文心一言、豆包、通义千问、元宝、星火等有了巨大的用户群。到 2024 年，豆包已经拥有 1.6 亿用户，居全球第二，而且直追 ChatGPT。

华为充分利用自己的行业优势，在盘古大模型的基础上开发了 80 多个行业模型，而且有 10 多个用于科学领域，如生物医学、计算化学、地球科学、电磁学、流体仿真、量子力学等。

而新兴的大模型创业公司在这一赛道中也脱颖而出，像前几年计算机视觉领域出现了“四小龙”（商汤、旷视、云从和依图）一样，在大模型领域出现了“六小虎”，这些公司非常年轻，只有智谱与 MiniMax 成立时间早于 ChatGPT 发布的时间。这些大模型新秀虽然年轻，却各有特色，也各具雄心。

MiniMax 的初心是：做下一代 AI，做接近图灵测试的智能体，智能创造极致体验。公司开发出国内第一个基于 MoE（Mixture of Experts，混合专家模型）的新一代大模型，水平直追 GPT-4o。

阶跃星辰亮相最晚，但成立的第一天，公司展板上就画出了一条与 OpenAI 相似的业务主线——从单模态模型到世界模型，明确对标 OpenAI。

月之暗面这样的公司名，代表这家公司对神秘与未知的勇敢探索精神。公司发布的首款 AI 智能助手 Kimi 一鸣惊人，支持

20 万字长上下文输入，而 GPT-4-32k 只支持约 2.5 万字。这让 Kimi 短期内获得了大量用户。

零一万物由 AI 科学家和创业家李开复创办，志向是通过开源模型和开放平台，吸引开发者共同提升模型，建设全球 AI 2.0 的开发者生态。

百川智能由连续创业家王小川创办，专注于医学。面对这样聚焦会不会把路走窄的质疑，王小川认为，能否人工制造医生，是判断 AGI 的重要标志。

智谱在这群“小虎”中最早出山，成立于 2019 年 6 月，有很强的清华背景，是国内第一批探索大模型的公司。成立第一天，智谱就写下了“让机器像人一样思考”的愿景。

AGI 是创业者们的共同梦想，智谱也一样。为了明确目标，智谱自己定义了 AGI。在智谱的定义中：L1 代表 AI 学会使用语言；L2 代表 AI 具备逻辑思维能力与多模态理解能力；L3 代表 AI 学会使用工具（Agent）的能力；L4 代表自我学习的能力——也就是“超级对齐”；L5 代表全面超越人类、探究科学规律的能力，已经趋近 AGI。

智谱也分析了当前 AGI 的进展，认为 L1 的进度已经达到 80%；L2 的进度为 60%，o1 是推理模型的新范式；L3 的进度只有 40%，Agent 的能力还处在非常早期的阶段；L4、L5 才刚刚起步。

这样务实地分析 AGI，反而让智谱清醒，加快自己向 AGI 进军的步伐。事实上，智谱一直强调，做中国的 ChatGPT 远非公司的目标。智谱也是世界重要的大模型开源机构，其开源模型全球累计下载量超过 3 000 万。

进入 2025 年 1 月，最引人注目的中国 AI 公司，既不是六小虎，也不是 AI 和互联网科技巨头，而是杭州的 AI 初创公司深度求索（DeepSeek）。这家公司由浙江大学硕士毕业的本土 AI 专家梁文锋于 2023 年 7 月创立，专注于开发先进大模型。公司 2024 年 12 月发布的开源大模型 DeepSeek V3 一鸣惊人，多项评测成绩超越了全球一些主流开源模型，并且成本极低。2025 年 1 月 20 日，中国春节前夕，世界经济论坛年会开幕当天，深度求索又发布了最新开源模型 DeepSeek-R1，再次引起全球科技界的极大关注。R1 模型有很多创新和突破，并通过改进算法，大幅降低了对算力和数据量需求及相关成本。而在数学、编码、自然语言推理等任务上 R1 能力出色，尤其在高难度任务推理方面，性能可比肩 OpenAI 的 o1 模型，训练成本仅为 560 万美元，远低于美国科技巨头的同类大模型。深度求索紧接着于 2025 年 1 月 27 日又推出开源多模态模型 Janus-Pro。DeepSeek 采用完全开源策略，支持衍生开发，这不仅降低了用户使用门槛，还促进了 AI 开发者社区协作发展新生态。

深度求索这一系列有竞争力的创新模型和开源策略，受到全球 AI 开发者和使用者的热烈欢迎。2025 年 1 月 27 日，DeepSeek 应用登顶苹果中国区和美国区应用商店免费 App 下载排行榜，超过 ChatGPT。在全球大多数国家和地区也名列下载排行榜前列。DeepSeek 的成功甚至影响了全球资本市场。2025 年 1 月 27 日，美国股市剧震，英伟达股价暴跌 16.97%，市值蒸发近 6 000 亿美元，创造了美国上市公司市值单日下跌的历史纪录。深度求索这家创新型小公司，迅速成为全球热议的焦点。

深度求索与四小龙、六小虎，都不过是中国强大 AI 军团中的代表，是波澜壮阔的中国 AI 浪潮中的一群浪花，折射出中国 AI 的欣欣向荣。中国 AI 在整体上还在追赶最强者的过程中，我们还需要更多源头式创新和颠覆式创新，但这都没有关系，中国 AI 正在高速发展的路上，全世界会看到中国人创造的一个又一个奇迹。

奔跑吧，中国 AI！

附　录 APPENDIX

人工智能大事记

1495 年　达·芬奇设计了一台具备自主能力的骑士机器人。

1705 年　莱布尼茨发表关于二进制的论文，阐述了二进制的原理及其在数学和逻辑中的应用，二进制被现代电子计算机采用。

1822 年　查尔斯·巴贝奇设计出差分机，1834 年设计出分析机，这两种最早的机械计算机都没有最后完成，但设计思想被认为是现代电子计算机的思想前驱。阿达·洛夫莱斯为分析机编写的算法被认为是第一个计算机程序。

1854 年　乔治·布尔发表了《思维规律的研究》，提出了布尔代数，为数理逻辑和电子计算机提供数学基础。

1920 年　捷克作家卡雷尔·恰佩克在其科幻剧本《罗莎姆万能机器人》中首次使用了 Robot（机器人）一词，这个词源自捷克语 Robota，意为“苦力”或“奴隶”。

1942 年　艾萨克·阿西莫夫在科幻小说 *Runaround*《环舞》中提出影响深远的“机器人三法则”，小说被编入 1950 年出版的科幻小说集 *I, Robot*（《我，机器人》）中，广为流传。

1946 年　第一台电子计算机 ENIAC 诞生。

1947 年　威廉·肖克利、约翰·巴丁和沃尔特·布拉顿在贝尔实验室研制出第一个晶体管，开启了半导体之路。

1950 年　阿兰·图灵在 *Mind*（《心灵》）杂志发表论文“Computing Machinery and Intelligence”（《计算机器与智能》），并提出了著名的图灵测试，用于评估机器是否具有智能。

1950 年　马文·明斯基和邓恩·埃德蒙构建了第一台神经网络计算机 SNARC。

1950 年　克劳德·香农发表论文“Programming a computer for playing chess”（《为下棋编程计算机》）他认为总有一天计算机会击败世界冠军。

1954 年　乔治城大学和 IBM 合作，成功用机器将 60 多个俄语句子翻译成英文，这是机器翻译和自然语言处理（NLP）的开端。

1955 年　约翰·麦卡锡、马文·明斯基、克劳德·香农、纳撒尼尔·罗切斯特四人，共同提出机器智能研究项目，首次引入了“Artificial Intelligence”（AI）这个词，即人工智能。

1955 年　赫伯特·西蒙（司马贺）、艾伦·纽维尔开发“逻辑理论家（Logic Theorist）”程序，被认为是第一个人工智能程序。

1956 年　在约翰·麦卡锡等人的召集下，著名的达特茅斯会议（Dartmouth workshop）在美国达特茅斯学院召开，会议标志着人工智能诞生。

1957年　卡内基梅隆大学建立了世界上第一个人工智能研究实验室。

1957年　弗兰克·罗森布拉特提出“感知器”（Perceptron），这是第一次用算法来精确定义的神经网络和第一个具有自组织自学习能力的数学模型，成为后来许多神经网络的基础。

1958年　杰克·基尔比在德州仪器公司将几个晶体管、电阻和电容集成在一块锗片上，制出世界上第一块集成电路。几乎与此同时，罗伯特·诺伊斯在仙童半导体公司提出平面工艺，使集成电路能大规模生产。

1959年　乔治·德沃尔与约瑟夫·英格伯格发明了人类首台工业机器人Unimate，运行于通用汽车的生产线。

1959年　亚瑟·塞缪尔编写西洋跳棋程序，程序具有“学习能力”。

1965年　厄文·古德发表人工智能未来可能对人类构成威胁的文章，他被称为“AI威胁论”鼻祖。

1966年　约瑟夫·魏泽鲍姆发明了世界上第一个聊天机器人ELIZA。

1966年　查理·罗森领导的美国斯坦福研究所（SRI）研发成功了首台人工智能机器人Shakey。

1966年　美国计算机协会（ACM）设立图灵奖，该奖项被称为“计算机和人工智能界的诺贝尔奖”。

1968年　爱德华·费根鲍姆提出了第一个专家系统DENDRAL，并对知识库给出初步定义，这标志专家系统的诞生。

1969年　美国国防部高级研究计划局（ARPA）启动

ARPANET 网项目，初始阶段联通四所高校，随着技术进步和更多节点加入，逐渐演变为互联网核心架构，全球互联网由此起步。

1971 年　英特尔公司推出 4004 微处理器，这是第一块个人计算机使用的微处理器芯片，是 CPU 芯片和个人计算机产业的开端。

1973 年　数学家莱特希尔向英国政府提交《莱特希尔报告》，对当时的人工智能研究提出严厉批评，认为其宏伟目标根本无法实现。全球政府对人工智能资助大幅减少，进入“人工智能寒冬（AI Winter）”。

1976 年　肯尼斯·阿佩尔与沃尔夫格·哈肯借助计算机成功证明四色定理，这是人工智能用于科学研究的重要进展。

1977 年　爱德华·费根鲍姆在第五届国际人工智能联合会议上，提出“知识工程”（Knowledge Engineering）的概念，进一步推动专家系统普及。

1977 年　中国数学家吴文俊在《中国科学》期刊发表论文《初等几何判定问题与机械化证明》，他的方法被誉为“吴方法”，使人工智能可有效证明几何定理，也被应用到其他数学领域。

1979 年　汉斯·莫拉韦克（Hans Moravec）设计了斯坦福卡车（Stanford Cart），这是可以自主导航和避障的机器人。

1980 年　卡内基梅隆大学（CMU）召开第一届机器学习国际研讨会，标志机器学习研究的兴起。

1981 年　日本通商产业省拨款 8.5 亿美元，研发五代计算机。目标是造出人工智能计算机。各国也加大资助，人工智能又进入春天。

1981 年 IBM 推出第一台个人计算机（IBM 5150），采用 Intel 8086 处理器和微软 MS-DOS 操作系统，它标志着个人计算机时代来临。

1982 年 约翰·霍普菲尔德在论文中介绍 Hopfield 网络模型，这是具有记忆和优化功能的循环（递归）神经网络，对后来的深度学习有重要贡献，他因此获得 2024 年诺贝尔物理学奖。

1982 年 戴维·马尔发表代表作《视觉计算理论》，提出计算机视觉（Computer Vision）的概念，这一视觉理论对后来产生深远影响。

1983 年 TCP/IP 协议成为 ARPANET 网标准协议，标志着互联网诞生，从此所有使用 TCP/IP 协议的计算机都能互联。

1983 年 美国国防部高级研究计划局提出战略计算计划，重启对高级计算和人工智能研究的资助。

1986 年 戴维·鲁梅尔哈特、杰弗里·辛顿（Geoffrey Hinton）等共同发表"Learning representations by back-propagation errors"（通过反向传播算法的学习表征）论文。提出适用于多层感知器（MLP）的反向传播算法（Backpropagation，简称 BP 算法），是深度学习的又一项基础性工作。

1988 年 贝尔实验室的杨立昆等提出卷积神经网络（CNN），这是专门用于处理图像数据的神经网络模型。

1991 年 蒂姆·伯纳斯–李发布了万维网（World Wide Web），使信息浏览和传播更方便，为国际互联网大规模应用打下基础。

1992 年 因未实现十年前提出的目标，日本终止五代计算机计划，这标志人工智能第二次进入寒冬。

1993 年　因花费近 10 亿美元而远未达到预期目标，美国 DARPA 结束战略计算计划，人工智能研究陷入困境。

1997 年　IBM 深蓝（DEEP BLUE）计算机击败国际象棋世界冠军加里·卡斯帕罗夫。

1997 年　尤尔根·施密德胡伯和瑟普·霍克赖特发布递归神经网络 LSTM（长短期记忆网络），这是大模型基础性工作之一。

1999 年　NVIDIA 发布 GeForce 256，这被认为是世界上第一款 GPU。GPU 成为后来深度学习发展的算力基础。

2000 年　本田发布人形机器人 ASIMO。

2000 年　华裔科学家姚期智获得图灵奖，他后来回到清华大学任教，为培养中国高水平人工智能人才作出很大贡献。

2003 年　约书亚·本希奥发表"A Neural Probabilistic Language Model"（《一种神经概率语言模型》）论文，提出具有奠基意义的神经网络语言模型。

2004 年　DARPA 举办第一届无人驾驶挑战赛，这场竞赛促进无人驾驶走向民用。

2006 年　杰弗里·辛顿在 *Science* 发表"Reducing the dimensionality of data with neural networks"（《用神经网络降低数据维数》）论文，提出深度置信网络的概念，这是深度学习奠基性工作之一。之后深度学习的概念出现，被认为是人工智能复兴的开始。

2006 年　华裔科学家李飞飞发起并创建 ImageNet 数据集，2009 年正式发布，其中有 1 400 万张图片、超过 2 万个类别，为全球神经网络训练提供强大支持。

2006 年 谷歌推出基于统计学习的语音识别技术，并在 2108 年发布语音识别应用，开启语音交互（Siri、Alexa、Cortana 等）浪潮。

2011 年 苹果推出语音助手 Siri，让语音助手第一次在移动端得到广泛应用。

2011 年 IBM 沃森（Watson）计算机在美国电视智力竞赛节目“危险边缘”中击败两位人类冠军选手，展示其在自然语言处理和知识推理方面的强大能力。

2012 年 杰弗里·辛顿和学生伊利亚·苏茨克维、亚历克斯·克里切夫斯基设计的深度神经网络模型 AlexNet 参加 ImageNet 竞赛，以压倒性优势获得第一名，引起轰动，掀起深度学习浪潮。

2012 年 谷歌大脑（Google Brain）的吴恩达、杰夫·迪恩等，搭建 1.6 万 CPU、10 亿参数神经网络，训练数据来自 YouTube 的 1 000 万张猫脸图片，训练 3 天，最后神经网络自动识别出猫。

2012 年 谷歌发布知识图谱 Google Knowledge Graph。

2013 年 杰弗里·辛顿师生三人成立 DNNresearch 公司，很快被谷歌以 4 400 美元价格竞购。

2014 年 谷歌收购了专注于深度学习和强化学习技术的人工智能公司 DeepMind。

2014 年 名为 Eugene Goostman（尤金·古斯特曼）的聊天机器人通过了图灵测试。

2014 年 伊恩·古德费洛从博弈论中的“二人零和博弈”得到启发，提出了生成式对抗网络（Generative Adversarial

Networks，GANs）。

2015 年 伊隆·马斯克、斯蒂芬·霍金和史蒂夫·沃兹尼亚克等联署公开信，呼吁禁止开发人工智能武器。

2015 年 谷歌开源重要深度学习算法框架 TensorFlow。

2015 年 伊隆·马斯克、山姆·奥尔特曼、里德·霍夫曼等联合成立非营利性组织 OpenAI。

2016 年 DeepMind 的人工智能围棋程序 AlphaGo 战胜世界围棋冠军李世石。

2017 年 马斯克、哈萨比斯等 844 名人工智能专家联合签署“阿西洛马 AI 原则”（Asilomar AI Principles），呼吁全世界的人工智能工作者遵守这些原则，共同保障人类未来的利益和安全。

2017 年 中国国务院印发了《新一代人工智能发展规划》，提出了“三步走”发展目标，到 2030 年人工智能理论、技术与应用总体达到世界领先水平，成为世界主要人工智能创新中心。

2017 年 谷歌团队发表论文“Attention is all you need”（《你所需要的，就是注意力》）。

2017 年 谷歌推出引入注意力机制的深度学习新算法架构 Transformer（转换器），这个革命性架构可处理长序列数据，并行处理能力强，为大模型打下了基础。

2018 年 谷歌发布基于 Transformer 算法架构、有 3 亿参数的 BERT（Bidirectional Encoder Representation from Transformers）语言模型。

2018 年 OpenAI 发布 GPT 模型 GPT-1，2019 年和 2020 年分别发布 GPT-2、GPT-3。

2020 年 DeepMind 宣布 AlphaFold2 可精准预测蛋白质 3D

结构，解决了50年未解的“蛋白质折叠”难题。

2022年 DeepMind破解了几乎所有已知蛋白质结构，AlphaFold算法数据库里包含超过2亿种蛋白质结构。

2022年 Stability AI开源了Stable Diffusion绘画大模型，这一文生图像工具立刻被广泛使用。

2022年11月 OpenAI发布基于GPT-3.5模型的人工智能对话工具ChatGPT，引起全球轰动。

2023年2月 谷歌公司发布了由LaMDA提供支持的聊天机器人Bard。

2023年2月 Meta公司发布LLaMA模型并开源，同年7月发布LLaMA 2的开源商用版本。

2023年3月 OpenAI发布了GPT-4。

2023年3月 百度发布文心一言，中国互联网和人工智能公司也先后纷纷推出自己的大模型，“百模大战”开启。

2023年5月 谷歌开放超级大模型PaLM2。

2023年11月 包括中国、美国、英国等在内的28个国家共同发布《布莱切利AI宣言》(Bletchley Declaration)。这是全球第一份针对人工智能安全的国际性宣言。

2023年11月 OpenAI CEO山姆·奥特曼被解雇，几天后重新担任CEO，暴露出管理层在人工智能商业化和安全性之间的矛盾。

2024年2月 OpenAI发布文生视频大模型Sora。

2024年5月 OpenAI发布GPT-4o，可实时对音频、视觉和文本进行推理，能处理50种不同的语言，并能读取人的情绪。

2024年6月 快手推出文生视频大模型可灵（KLING）。

2024 年 8 月 欧盟《人工智能法案》正式生效，这是全球首部人工智能法案。

2024 年 10 月 约翰·霍普菲尔德和杰弗里·辛顿因用人工神经网络进行机器学习作出贡献获诺贝尔物理学奖。大卫·贝克、戴米斯·哈萨比斯和约翰·江珀因对蛋白质结构的研究获诺贝尔化学奖。人工智能科学家群体性获奖，开创了诺贝尔奖历史，彰显人工智能对人类社会的重要影响。

2024 年 12 月 李飞飞的 World Labs 公司发布基于空间智能的图片生成 3D 场景的系统。DeepMind 几乎同时发布第二代基础世界模型 Genie 2。空间计算与世界模型目标一致，都希望人工智能生成和模拟物理世界。

2024 年 12 月 辛顿发出警告，预言人工智能十年内毁灭人类。哈萨比斯预言十年内治愈一切疾病。

2025 年 1 月 中国人工智能初创公司深度求索发布开源模型 DeepSeek-R1，DeepSeek 的高难度任务推理能力比肩 OpenAI 的 ChatGPT o1 模型，但大幅降低了对算力和数据量的需求以及相应的成本，引起全球关注，甚至引发了华尔街股市剧震。

推荐阅读

奇点临近

作者:（美）Ray Kurzweil 著 译者:李庆诚 董振华 田源 ISBN:978-7-111-35889-3 定价:99.00元

人工智能作为21世纪科技发展的最新成就，深刻揭示了科技发展为人类社会带来的巨大影响。本书结合求解智能问题的数据结构以及实现的算法，把人工智能的应用程序应用于实际环境中，并从社会和哲学、心理学以及神经生理学角度对人工智能进行了独特的讨论。本书提供了一个崭新的视角，展示了以人工智能为代表的科技现象作为一种“奇点”思潮，揭示了其在世界范围内所产生的广泛影响。本书全书分为以下几大部分：第一部分人工智能，第二部分问题延伸，第三部分拓展人类思维，第四部分推理，第五部分通信、感知与行动，第六部分结论。本书既详细介绍了人工智能的基本概念、思想和算法，还描述了其各个研究方向最前沿的进展，同时收集整理了详实的历史文献与事件。

本书适合于不同层次和领域的研究人员及学生，是高等院校本科生和研究生人工智能课的课外读物，也是相关领域的科研与工程技术人员的参考书。

推荐阅读

AI短视频高手速成：一键生成与剪辑

ISBN：978-7-111-77690-1

人人都可以轻松使用的AI短视频入门教程，照着做就可以成为短视频高手。书中包含6款主流AI工具、160余分钟教学视频、128个知识点、70个实用案例、170余个素材效果文件、53组成熟提示词和1个大型综合案例。

AI办公高手速成：工具与提效技巧大全

ISBN：978-7-111-77519-5

一套可以帮助所有职场人士通过使用AI工具，快速成为办公高手的实用教程。书中包含18款主流AI工具、10个典型办公场景、50多个具体岗位、125个实战案例、150分钟同步教学视频、170多个素材与效果文件。